基于流域信息树的数字地形分析与应用

陈永刚　著

图书在版编目（CIP）数据

基于流域信息树的数字地形分析与应用 / 陈永刚著.
— 杭州 : 浙江大学出版社，2015.10
ISBN 978-7-308-14901-3

Ⅰ. ①基… Ⅱ. ①陈… Ⅲ. ①数字地形模型—形态分析 Ⅳ. ①P287

中国版本图书馆CIP数据核字（2015）第165227号

图审字（2015）第2664号

基于流域信息树的数字地形分析与应用
陈永刚 著

责任编辑 伍秀芳（wxfwt@zju.edu.cn）
责任校对 陈慧慧 丁佳雯
封面设计 林智广告
出版发行 浙江大学出版社
（杭州市天目山路148号 邮政编码 310007）
（网址：http://www.zjupress.com）
排　　版 杭州林智广告有限公司
印　　刷 杭州日报报业集团盛元印务有限公司
开　　本 710mm×1000mm 1/16
彩　　插 4
印　　张 11
字　　数 206千
版 印 次 2015年10月第1版 2015年10月第1次印刷
书　　号 ISBN 978-7-308-14901-3
定　　价 48.00元

浙江大学出版社发行部联系方式：0571-88925591；http://zjdxcbs.tmall.com

前　言

数字高程模型(Digital Elevation Model，简称DEM)被首次提出以来，受到科学界与工程界的广泛关注。特别是近年来，随着数字地球、数字城市等概念和技术的兴起，DEM作为国家空间数据的基础产品之一，已经在不同领域完全取代了传统等高线对地形的描述。高质量、高精度、多种类的DEM产品在国民经济发展中发挥着越来越重要的作用。

DEM作为对地表高低起伏形态的数字化表达，蕴含着丰富的地形结构和特征信息，它是定量描述地形地貌结构的基础数据。由于DEM数据是对地表高程的离散化表达，前人忽视了地理信息的整体性和对象性，因此，在利用DEM进行地形分析时，需要提出一种新的基于数字高程信息的分析方法。本书以数字地形分析理论和方法为基础，提出了基于流域信息树的分析模型，对流域地貌展开研究。

流域地貌是陆地上普遍存在的地貌类型，除了极地和雪线以上地区，陆地上所有地区几乎都存在流水作用，地表流水侵蚀作用又是以不同形式及不同级别的流域为单元进行的，因此，以嵌套的流域为切入点进行分析研究具有重要的意义。虽然前人已对流域地貌系统展开过大量的研究，但是现有的研究方法忽略了流域系统的嵌套结构特征与不同尺度流域对象间的纵向关联信息。传统单一信息层面的研究方法，难以整体、宏观地把握流域的层次结构和揭示流域地貌系统的本质特征，未能实现流域地貌系统整体与局部分析的有效结合。本书以数字地形分析理论和方法为基础，首次提出并构建了流域信息树模型以及流域信息树量化指标体系，并以黄土高原小流域为研究对象，深入研究了流域地貌系统层次结构的自相似性、多尺度特征、黄土地貌类型分区、流域信息树形态结构演化趋势、地形简化和地形特征线等级划分等方面的内容。

本书共分为8章。第1章为绪论，介绍了流域信息树的研究意义、目标、内容、方法和技术路线；第2章总结前人研究成果，并指出已有研究中的不足；第3章介绍了研究样区与实验数据状况，以及数据的预处理；第4章为流域信息树的构建和量化表达；第5~7章是流域信息树理论在流域地貌中的实际应用；第8章为全书的总结和展望。

本书的创新点主要包括：首次明确提出了流域信息树的概念、模型和指标体系；在分析方法上，提出流域信息树的形态结构量化指标，为流域的定量化分析奠定基础，并深入研究了流域结构自相似、多尺度流域形状和黄土地貌类型划分等内容；在地形简化应用上，提出了一种新的树剪枝八方向射线剖面简化等法(W8D法)；在地形特征线提取上，提出了一种基于流域信息树的多属性组合方法，进行了山脊线的等级划分。

本书在写作过程中力求内容精练，全面系统，方法实用，并注重地貌学的定量研究以及理论与实践的密切结合，同时反映流域信息树的最新研究成果，适合广大专业学者阅读，为地学研究人员提供理论依据和技术参考。

在书稿即将完成之际，笔者感触颇深：本书的研究虽然只是一个开始，但笔者相信可以为今后的研究奠定一个较好的基础。希望通过本书的出版，使更多的专家、同行和学者关注该领域的研究，进一步推动中国基础地理信息的研究和应用。此外，笔者在撰写过程中发现该领域中尚存在诸多理论问题值得进一步深入地探讨和研究。例如，流域信息树对特殊地貌形态的表达还未实现；在基于DEM的流域信息树的构建和信息结点流域的提取中，如何有效消除来自高程数据采样精度、地形描述精度以及DEM分辨率等多重不确定因素的影响还需要更深入的探讨；在流域嵌套分形自相似研究等方面的诸多问题还需要继续研究。这些问题的解决不但能够拓宽流域信息树在数字地形分析中的应用领域，还将为其他相关学科的研究提供可以借鉴的理论和方法。最后，当今科技的发展突飞猛进，日新月异，本书虽尽可能力求全面，紧跟时代步伐，但深知该领域理论深奥、应用广泛，笔者才疏学浅，难免有遗漏及不足之处，恳请读者见谅并不吝赐教。

陈永刚

2015年5月

致 谢

在书稿完成之际，我要向所有支持、关心、帮助过我的人们表示最诚挚的谢意！

本书的研究工作和出版得到了以下基金的资助：

①国家自然科学基金重点资助项目(40930531)：基于DEM的黄土高原地貌形态空间格局研究。

②国家自然科学基金青年基金(41201408)：基于DEM的流域信息树研究——以黄土高原小流域为例。

③浙江省公益技术应用研究项目(2014C32119)：面向“智慧林业”的浙江省生态公益林移动互联网信息共享关键技术研究。

衷心感谢汤国安教授对我的谆谆教导。本文稿是在汤老师的悉心指导和殷切关怀下完成的，尤其是在文稿的撰写过程中，他倾注了大量的心血，给予了我许多珍贵的教诲和指导。汤老师严谨细致、求真探索的治学态度，认真勤奋、不断创新的工作作风，以及对科研事业永远的热情与执着追求都将使我终生难忘。

感谢GIS重点实验室提供了优越的科研设备和良好的学习氛围；在文稿开题期间得到闾老师高屋建瓴般的指点，使我深受裨益。重点实验室的盛业华教授、韦玉春教授、刘学军教授、朱长青教授、龙毅教授等为本文稿提出了宝贵建议并给予了无私帮助，在此向他们致以最诚挚的感谢！

感谢课题组各位老师和师兄弟在学习和生活上的无私帮助和热心关照，杨昕老师、李发源老师、朱红春老师、罗明良老师、晏实江博士、祝士杰博士、田剑博士、江岭博士、胡最博士等的支持和帮助，消除了我很多的困惑，指出了文稿中很多缪误的地方，让我少走了很多弯路。

感谢浙江农林大学环境与资源学院为我完成学业所提供的经费支持和工作便利，同时感谢浙江农林大学杨春菊、孙燕飞、马天午、陈孝银、陈振德、林晨鸷、单立刚等同学在数据处理、资料整理以及算法具体实现上作出的辛勤劳动！

还要特别感谢我的父母、岳父母对我的学习和生活的关怀和鼓励，感谢我的妻子胡芸和儿子陈柏衡(蒙蒙)对我默默的理解和支持，本书也凝结了你们的力量和温暖！

陈永刚

2015年5月

目　录

第 1 章　绪　论 ……………………………………………………1

1.1　问题的提出 ……………………………………………………1
1.2　研究意义 ……………………………………………………3
1.3　研究目标与内容 ……………………………………………………4
1.4　研究方法与技术路线 ……………………………………………………5
1.5　本书结构 ……………………………………………………5

第 2 章　研究综述 ……………………………………………………9

2.1　流域地貌与地貌类型区划分 ……………………………………………………9
2.2　DEM数字地形分析 ……………………………………………………13
2.3　树形结构分析 ……………………………………………………17
2.4　讨　论 ……………………………………………………19

第 3 章　研究基础 ……………………………………………………21

3.1　实验样区 ……………………………………………………21
3.2　实验数据 ……………………………………………………25
3.3　数据预处理 ……………………………………………………26

第 4 章　流域信息树的构建与量化表达 ……………………………………………………27

4.1　流域信息树概念 ……………………………………………………27
4.2　流域信息树构建 ……………………………………………………30
4.3　流域信息树量化指标体系 ……………………………………………………37
4.4　小　结 ……………………………………………………54

第 5 章　基于流域信息树的黄土流域地貌形态特征研究 ……………… 55

5.1　流域结构自相似分析 ……………………………………………… 55
5.2　基于信息结点的流域形状研究 …………………………………… 63
5.3　基于流域信息树的黄土地貌类型分区 …………………………… 70
5.4　流域树形态结构演化趋势分析 …………………………………… 106
5.5　小　结 ……………………………………………………………… 109

第 6 章　基于流域信息树的地形简化研究 ……………………………… 111

6.1　DEM 地形简化常用方法概述 ……………………………………… 111
6.2　流域信息树 W8D 算法原理 ………………………………………… 113
6.3　基于流域信息树 W8D 算法的地形简化结果 ……………………… 120
6.4　地形简化效果分析与评价 ………………………………………… 123
6.5　小　结 ……………………………………………………………… 131

第 7 章　基于流域信息树的地形特征线等级划分研究 ………………… 133

7.1　地形特征线理论概述 ……………………………………………… 133
7.2　结构线等级划分原理与方法 ……………………………………… 134
7.3　结果与分析 ………………………………………………………… 137
7.4　小　结 ……………………………………………………………… 142

第 8 章　结论与展望 ……………………………………………………… 143

8.1　结论与创新 ………………………………………………………… 143
8.2　问题与展望 ………………………………………………………… 145

参考文献 …………………………………………………………………… 147

索　引 ……………………………………………………………………… 167

第1章 绪 论

1.1 问题的提出

地表流水侵蚀是陆地表面地形地貌塑造过程中最普遍的营力作用，除了极地和雪线以上地区，陆地上所有地区几乎都存在流水侵蚀作用（承继成等，1986），其流水地貌被著名地貌学家W.M. Davis称为常态地貌(Davis，1899)。同时，地表流水侵蚀作用又是以不同形式及不同级别的流域为单元进行的。因此，以流域地貌为切入点的研究，对流域地貌特征分析具有重要意义。

流域地貌是在现代构造运动基础上，地表物质与降雨、径流长期相互作用的结果。在流域地貌发育演化中，内营力因素受构造运动和海平面升降运动的控制(陆中臣等，1991)，它通过改变流域侵蚀基准体系，决定流域总体侵蚀势能与发展趋势；外营力因素的作用及强度受制于当地的气候条件和能量流的速度。在流域地貌的演变过程中，物质流和能量流以及表征流域物质和能量流动状况的变化处于动态平衡。把流域作为一个系统，研究其中各要素相互联系和作用的关系、能量的输入及耗散、物质的输移及地貌演化的整体过程时，该系统称为流域地貌系统(陆中臣，1991)。

黄土地貌是黄土高原地区经过200余万年的黄土堆积和搬运，在风力和水力的作用下，在下伏古地貌基岩上，形成了类型复杂多样且在空间上有序分异的地貌形态组合，被称为最具地学研究价值的地理区域之一。作为最典型的流水侵蚀地貌区域，黄土高原的黄土地貌可以分解为一系列具有严格等级构成和关联组合的子流域，在结构上具有非常强烈的自组织特征，其形成、演化过程中发生着旺盛的物质与能量交换。其中，黄土小流域是黄土流域地貌研究及流域规划应用的重点。小流域作为黄土地貌发育的基本自然单元，其基本形态与空间组织特征在相当程度上映射着黄土流域地貌发育的机理与过程。鉴于黄土小流域地貌特征的典型性与独特性，从系统论的视角对其基本特征进行信息挖掘和知识发现，有望成为黄土地貌研究新的切入点，对于揭示黄土地貌形成与发育机理和黄土地貌演化规律，指导黄土高原生态修复与区域可持续发展，都具有重要的理论意义与应用前景。

对流域地貌系统结构的深入剖析与定量刻画是研究的核心环节，以Horton(1945)和Strahler(1952)为代表的众多地貌学家开创了流域定量描述的先河。如Horton(1945)、Schumm(1956)和Shimano(1992)等对沟谷级别与沟谷分支数目、沟道长度、沟道比降等流域形态指标的关系进行了研究。承继成等(1986)对流域定量描述指标体系及其要素之间的定量关系等作了较为系统的总结和凝练。此外，基于DEM的流域定量化研究亦取得了长足的发展，如完善了流域自动提取算法(刘建军，2004；宋敦江等，2011；张琳琳等，2005)、流域正负地形分析(周毅，2011)、流域边界剖面谱分析(贾旖旎，2010)、流域三线合一分析(张维，2011)、流域高程面积积分分析(祝士杰等，2013)等研究，并通过综合流域的成因和形态研究，形成了流域特征线的提取和基于DEM流域分割的一整套技术方法(郭明武等，2006；闾国年等，1998a)。同时，这些研究也显示了DEM数字地形分析方法在流域地貌研究中的优势与前景。然而，这种分析由于现实原因和尺度问题，在具体分析的时候仍然采用规则正方形栅格的窗口分析方法和单对象的分析模式。这些分析仅仅从微观规则“窗口”着手，从局部分析范围中计算地形参数或提取地貌对象，没有考虑现实的地理单元，在一个指标或者某个地貌对象展开中，少有关注流域内部各地貌对象的组合结构与特征，未能实现流域地貌系统整体与局部的有效结合；同时，对流域地貌系统的形态空间模式和结构的有效认知是流域地貌系统研究中的重要工作。现有的研究方法较少关注流域地貌系统中各个尺度流域间的空间嵌套模式所包含的结构信息以及各尺度嵌套流域间的关联信息，阻碍了研究的进一步深入和发展。

上述问题的存在，导致利用数字地形分析方法研究流域基本形态特征时遇到较大的瓶颈，同时也为我们的研究提出了一个问题，即如何用整体宏观和局部微观相结合的方法，从多种角度和尺度去深入分析流域地貌系统？这个问题的有效解决，将有可能进一步推动流域地貌及数字地形分析的理论方法的发展。

树形结构是一种在客观世界中广泛应用的抽象表达和理论模型。它是一种重要的按元素彼此间相互关系组织起来的非线性数据结构，可表示从属、层次、包含等关系，是离散数学中“图”的一种特殊情况。树形结构在社会科学和自然科学中有着广泛应用，如人类社会的族谱、社会组织机构都可用树来形象表示；生物学中，进化树用来表示物种之间的进化关系(李斌等，2006；马志杰等，2007；阎锡海等，2005)；在地学研究中，等高线树用来反映等高线之间的拓扑关系以及用于空间关系判定(乔朝飞等, 2005；吴凡等, 2006)和地形推理(乔朝飞, 2005；赵东保等, 2009)等；在城市研究中,演化树用来揭示城市群的演化规律和变异(Wang et al., 2012)。从整体上看,流域地貌系统是一个具有自相似、自组织特征的结构体,一个流域可以包含若干子流域,同时它本身又是更高级别流域中的一部分。顶层流域可以看作是树的根结点,顶层流域所包含的多个子流域可以看作是根结点下面的子结点,而每个子流域又包含子流域,如此反复。这种嵌套式层次特性与“树”形结构非常相似。基于以上的分析和思考,作者提出流域信息树的概念模型及其研究思路：在流域体系中,按照空间包含关系,由不同尺度的流域构建而成“树”形层次组合,且在树的结点上融入各对应流域的多种流域信息指标,即流域信息树。流域信息树具有明确的物理及地貌学意义,基于流域信息树的流域地貌研究,可望揭示流域地貌的本质与内涵特征。它既是对流域形态结构起重要控制作用的核心构架,是流域结构的“骨骼”,又是流域相关指标有序组织的“信息容器”。本研究重点从流域信息树概念模型的建立、形态结构参数与分析方法的确定、地貌分析和地形综合应用等几个关键问题进行探索性研究,期望在黄土流域地貌研究及DEM数字地形分析理论与方法上取得创新性成果。

1.2　研究意义

基于DEM的流域信息树的研究意义在于：

(1)针对传统流域地貌系统研究着眼点基本是以某一尺度流域的某些特征点、线、面和流域的某些关键指标进行的,本研究将从单一尺度的流域面扩展到流域信息树,在整体上分析流域地貌的基本特征,在宏观框架中审视多个尺度流域内地貌的多个侧面的组合特征,揭示不同尺度嵌套流域间的相互关系。本研究是实现嵌套流域地貌特征要素联合分析的有力工具,是利用GIS(地理信息系统)解决地学科学问题的一次有益探索。

(2)流域信息树具有明确的地貌学含义与物理意义,以层次“树”状结构视角研究流域地貌系统,对明确其组织与结构特征以及把握流域地貌系统的非线性复杂结构具有重要的理论意义与应用价值。通过流域信息树来揭示黄土高原流域地貌的嵌套结构特征,既是流域地貌研究的一个重要切入点,也是对数字地形分析理论与方法的丰富和完善。

1.3 研究目标与内容

1.3.1 研究目标

本研究以全新的视角提出了流域信息树的概念，分别从流域信息树的定义、性质、特征、量化指标描述、构建、地貌分析、地形综合等多种角度对流域信息树展开研究，实现流域信息树理论和分析方法在流域地貌研究中的拓展应用，丰富DEM数字地形分析的理论与方法。

1.3.2 研究内容

研究内容如下：

1)流域信息树概念模型与量化指标体系研究

●研究流域信息树的定义、基本属性、表现形式及其影响因素，建立流域信息树的概念模型；

●分析流域信息树的层次结构及其地学含义，建立有效描述流域信息树的多侧面定量指标体系；

●研究流域信息树的构建及描述其形态特征的指标的计算方法，建立基于流域信息树模型的流域地貌系统信息定量化指标体系。

2)基于流域信息树模型的黄土流域地貌系统分析研究

●基于流域信息树理论，研究了黄土高原地区流域层次结构的分形自相似特征；

●提出了流域信息树按流域面积权重“遍历”信息链的序列化分析方法，引入多种手段和分析方法，研究了不同地区、不同尺度流域形状之间的关系；

●以流域信息树为基础理论，以流域信息树的形态结构指数为参数，对流域信息树进行黄土地貌类型区划分的相关理论和方法进行了深入的研究和分析；

●结合流域信息树理论，通过流域信息树的形态结构指标，分析了流域的形态结构演化趋势。

3)基于流域信息树的地形简化应用研究

●研究以流域信息树为基本理论支撑的地形综合方法。通过对目前常用DEM地形综合方法分析总结的基础上，提出了基于流域信息树剪枝理论的W8D地形简化算法，并对W8D法地形简化效果进行了纵向对比和综合评价，建立了以流域信息树理论为基础的，自解释、自适应地考虑不同空间尺度的DEM地形综合方法。

4)基于流域信息树的地形特征线等级划分研究

●以流域信息树理论为基础,提出了一种基于树形结构的地形骨架线——山脊线的等级划分方法。首先,通过树形结构模型对流域特征信息进行多属性指标分析;然后,对山脊线等级进行分类并定级;最后,对划分结果进行分析与对比,验证山脊线等级划分结果的合理性。

1.4　研究方法与技术路线

1.4.1 研究方法

以流域地貌学、水文学、数理统计等为理论基础,运用GIS空间分析、数字地形分析等技术方法,采用定性与定量分析指标相结合、宏观与微观分析相结合、理论分析与应用验证相结合的研究手段,以多种尺度和比例尺DEM数据作为基本数据源,运用流域信息树对流域地貌系统展开探索性研究。

1.4.2 技术路线

本研究首先根据流域的嵌套层次结构,提出流域信息树的概念模型;其次,阐述了流域信息树的构建过程与量化指标体系,深入分析了流域信息树的量化指标体系与传统指标间的相互关系;最后,以流域信息树理论为基础,从黄土流域地貌分析和地形简化两方面展开了流域信息树的应用研究。整个技术路线如图1.1所示。

1.5　本书结构

本书共计8章,各章主要内容与研究工作如下:

●第1章　绪　论

本章重点阐述了开展流域信息树研究的重要性和现实意义,论证了流域信息树作为流域地貌研究切入点的可行性,明确了研究的选题背景。在此基础上提出了本研究的研究目标、内容、方法和技术路线。

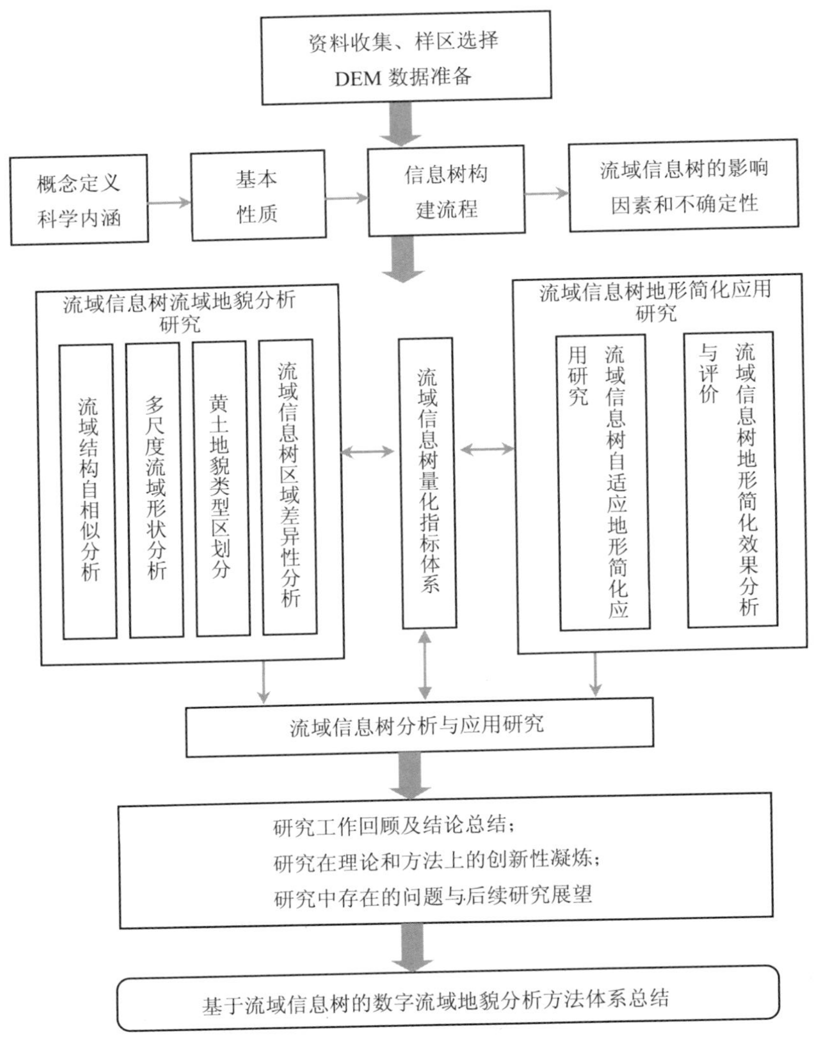

图 1.1　研究技术路线图

●第 2 章　研究综述

回顾了前人在流域地貌、树形结构研究以及数字地形分析研究领域的相关现状及成果，总结了流域地貌研究所存在的问题以及利用流域信息树进行黄土高原地区流域地貌研究的可行性与必要性。

●第 3 章　研究基础

介绍研究区域的基本自然地理情况、实验样区选择的依据及实验样区的分布；表述选择基础实验数据的理由，介绍实验数据的预处理方法。

●第4章 流域信息树的构建与量化表达

讨论了流域、流域信息树、信息结点等内容，并在此基础上重点对流域信息树的概念模型、特征与性质、定量描述指标、构建、影响因素和数据的尺度效应等内容进行了论述和展开。

●第5章 基于流域信息树的黄土流域地貌形态特征研究

首先，以流域信息树理论为基础，利用分形理论对流域结构的自相似特征进行了研究；其次，以流域信息树结点的属性信息为基础，研究了流域形状与尺度间的关系；最后，研究了利用流域信息树进行黄土地貌类型区划分的相关内容。

●第6章 基于流域信息树的地形简化研究

从流域信息树DEM数据综合的具体现实应用问题展开探讨和研究。以流域信息树理论为基础，首先研究了DEM地形简化常用的算法；其次，提出了流域信息树剪枝八方向射线剖面简化算法；最后，对流域信息树自适应地形简化展开了具体的应用并进行了地形简化效果分析与评价。

●第7章 基于流域信息树的地形特征线等级划分研究

以流域信息树理论为基础，提出了一种基于树形结构的地形骨架线——山脊线的等级划分方法。首先，通过树形结构模型对流域特征信息进行多属性指标分析；然后，对山脊线等级进行分类并定级；最后，对划分结果进行分析与对比，验证山脊线等级划分结果的合理性。

●第8章 结论与展望

总结和评价了本书所提出的理论、方法和实验结果，并在此基础上提出本研究需要进一步完善和提高的地方，探讨流域信息树的下一步研究方向。

第 2 章　研究综述

本章从流域地貌相关研究、DEM数字地形分析、树形结构研究等三个方面归纳总结前人的研究成果，并讨论了目前研究中存在的不足。

2.1　流域地貌与地貌类型区划分

2.1.1 流域地貌

河流是陆地表面经常或间歇性有水流动的渠槽，它是水分循环的一个重要组成部分，对地表形态的塑造以及对气候、植被等都有重要的影响。古往今来，河流对人类的生活有重要的影响，它是重要的自然资源，在经济、生活等方面发挥着巨大的作用(刘南威，2000)。Engelhard et al.(2012)研究了流域地貌对河岸植被的范围和组成方面的影响，发现流域地貌显著制约木本与草本植物在河岸走廊上的丰度，因此，弄清流域的尺度及地貌和河岸植被的关系对于河岸植被的预测和修复工作具有重要意义。Kale(2002)研究了印度河流地貌的形成因素后认为，喜马拉雅河流在许多方面与印度半岛的不同。Lewin et al.(1997)研究了威尔士河流系统具有的三个显著特征。Sargaonkar et al.(2011)提出地下水是一种重要的分散式饮用水水源，地下水的补给潜力也取决于地质和地貌特征，并利用基于GIS的流域水文评估模型识别了潜在的地下水补给站点。D'Ambrosio et al.(2009)研究了流域地貌对于美国俄亥俄州鱼类生存的影响。Chang(2008)探讨了不同地区的地貌和径流在不同局部贡献区域(PCA)条件的变化特征。河流分为干流和支流，而由纵横交错、脉络相通的干流与支流构成的河流网络称为水系。水系形状的不同，会对水情的变化产生不同的影响。例如，由于扇形状水系的支流几乎同时汇入干流，当整个水系普降大雨时，干流就易形成特大洪水；而对于羽状水系，由于支流洪水是按照先后顺序依次汇入干流，且各支流汇入的洪水也是分先后排出，所以不易形成突发性的水灾。历史上海河多水灾而滦河少水灾的原因之一，即是由于其水系分别为扇形状和羽状的缘故(刘怀湘等，2007)。流域是指分水线所包围的区域，包括流域面积、流域形状、流域高度、流域的坡度、流域的倾斜方向、干流流向等参数，它们是流域对水系和流域的特征进行定量描述的重要指标。例如面积大的流域，其水量大，历时长，涨落缓慢；形状为圆形的流域比狭长形流域的洪水更容易集中，洪峰的流量更大；南向倾斜的流域比北向倾斜的流域中的降雪更易于消融(杨延生，1997)。

流域是基本的自然地理单元，以流域为单位可以窥探整个地貌类型的基本特征，其形态特征和发育演化定量化研究一直是地貌学中的重要内容。以流域地貌为切入点，学者们探讨了流域形态和发育的定量化指标(Strahler，1952)、流域形态与地貌发育的关系(Morisawa，1962；Schumm，1956；陈浩，1986)，建立了多种划分开放流域地貌系统发育阶段的理论模型(励强等，1990；马新中等，1993；张丽萍等，1998)，对侵蚀强度和地貌演化的规律展开了详细的剖析(崔灵周等，2006；卢金发，2002)，取得了极为丰硕的成果。Miller(1953)提出流域圆度系数，Schumm(1956)提出流域狭长度概念，Horton(1932)和Strahler(1952)提出水系分支比等形态参数。Horton(1945)和Schumm(1956)等对沟谷级别与沟谷分支数目、沟道长度、沟道比降、流域面积等指标的关系进行了研究，认为它们遵循一种几何级数的规律。承继成等(1986)系统总结了前人的研究，以陕北黄土丘陵若干个小流域为样区进行流域地貌形态定量表达的系统实验。非线性分析方法在形态方面的应用主要以分形研究为主，分形研究在流域形态定量描述、流域地貌演化、流域结构与地貌水文特征响应及其物理机制等方面均有应用(曹颖，2007；崔灵周等，2006；李后强等，1992；李军锋，2006；龙毅等，2007)，主要包括单分形、多标度及自组织研究在流域形态定量描述、流域地貌演化、流域结构与地貌水文特征响应及其物理机制等方面的成果。张龙等(2012)在GIS环境下基于DEM数据模型构建了一个简单的降雨径流模型。孙艳玲(2004)应用地理信息系统和WMS(Watershed Modeling System，流域建模系统)模型系统，由DEM提取流域数字特征，再与降雨径流模型有机结合进行了降雨径流数字模拟研究。刘艳艳(2011)使用GIS水文分析模块，对岷江上游流域水系的集水面积阈值、河网密度、子流域划分等进行了一系列的研究。李建柱(2005)基于DEM的水文模拟技术，应用最新的WMS专业水文处理软件，结合GIS工具，在DEM数据基础上，提取出河网水系，确定流域边界，并对子流域进行了划分。Garbrecht & Martz(1997)对现有的分析方法进行了改进，提出了确定DEM上平面水流方向赋值的新方法。Huang et al.(2003)开发了一个基于GIS和DEM数据的分布式水文模型，以模拟在各种气候条件下黄土高原的径流与沉积物运移。Kumar et al.(2002)利用GIS建立了一个分配流域中来自非点污染源的污染负荷的最优模型。Patel(2009)提出了一个具有创新性的GIS流域建模方法,可同时解决传统水文和水力方法的局限性问题。Tripathi et al.(2002)提出一种使用卫星数据和GIS建立的小流域径流模型。

对流域地貌系统发育演化的研究,国内外学者多集中于宏观地貌发育过程和流域侵蚀产沙过程研究。美国Davis(1899)根据侵蚀循环理论提出了地形发育阶段模式。德国地貌学家Penck(1924)提出了山坡的形态由地壳运动速度和剥蚀速度之间的对比关系决定的山坡发育理论。南非地貌学家金(1948)认为,非洲夷平面的发育分为青年期、壮年期和老年期三个阶段,据此提出了山麓夷平面发育理论。励强等(1990)把流域阶段性与产沙特征有机结合,提出用临界侵蚀积分值作为划分开放流域地貌系统发育阶段的定量指标。崔灵周等(2006a)运用分形理论对黄土高原流域地貌形态进行量化,用来解释流域的侵蚀产沙分异特征和流域演化特征。马新中等(1993)以黄土丘陵沟壑区为例,利用耗散理论建立流域地貌系统的侵蚀演化模型,以确定流域的发育阶段。金德生等(2000)利用流域地貌过程响应模型,运用模拟降雨对流域侵蚀产沙与水系发育过程间的非线性关系进行了实验研究。

此外,学者们还对黄土高原地区沟谷的分级有了更为详细的定义。甘枝茂(1996, 1982)将黄土沟谷分成细沟、浅沟、切沟、冲沟、干沟、河沟等类型。承继成等(1996)和陆中臣等(1991)提出了适用于黄土高原沟谷分级的原则与方法,并对黄土典型地貌区的沟谷进行了分级实验。现有的研究主要采用山顶点、谷底点、径流结点、山脊线、沟谷线、沟沿线这些特征点和特征线等要素,进行区域的流域地貌形态研究,以抽象和简捷的方式描述流域地貌形态(Horton, 1945; Schumm, 1956; Shimano, 1992; 周毅, 2011)。

2.1.2 地貌类型区划分

地貌是地球表层系统中最重要的组成要素,它控制着其他生态与环境因子的空间分布与变化,对国民经济建设、环境保护和国防建设等都具有重要的应用价值。地貌分类一直是地理学研究的核心与基础内容,对地貌格局及其演化的研究有着重要的科学意义。国内外学者在地貌分区方面做了大量研究工作。Hammond(1964)提出按某种统计单元内所包含的地形坡度和相对起伏度来划分地貌类型的思路; Dikau et al.(1991)以正方形格网作为统计单元划分地貌,对Hammond(1964)的理论进行了实现; 其后,Brabyn(1998)利用圆作为统计单元进行计算,以减少计算小起伏地形的误差; Dragut(2006)采用图像分割方法,根据从

DEM中提取的海拔、剖面曲率、平面曲率等多个因子进行地貌分类。这些理论和方法完善了Hammond 的理论。黄杏元等(2000)提出地表形态自动分类的方法，即根据区域的地形特点，拟定地形分类决策表，然后从DEM中提取分类所需的地形要素，按照自动提取地形类型信息的过程，获得区域的地貌类型。该分类方法简单、快速，但其分类建立在对单个栅格点类型判断的基础上，缺乏对地貌实体在空间上的宏观性考虑。刘爱利(2004)将1：1000000 DEM提取的单个地形因子置于不同的信息层面中，运用遥感影像分类的原理与方法实现了对我国地貌基本形态类型的自动划分。而后，刘爱利等(2006)对其方法进行了优化，通过提取多种地貌信息并结合监督、非监督分类方法，实现了地貌基本形态的自动划分。肖飞等(2008)提出一种基于DEM 的地貌实体单元数字提取方法，较好地实现了山地与平原的自动划分和山体界线的数字提取。朱梅等(2009)利用分区指标的方法进行地貌分类，实现了江苏省平原和丘陵的自动划分，提高了丘陵岗地的划分效率与精度。

中国是世界上黄土分布面积最广、地貌类型发育最典型、土层厚度最大的国家。黄土地貌是中国的典型地貌之一，广泛分布于甘肃的中东部、宁夏南部、陕西的西北与中部以及山西和河南的一些地区，面积约44万平方公里。地理学家以形态、成因或者是二者相结合来划分黄土地貌类型，按照形态地势起伏将其划分为黄土塬、梁、峁、黄土平地和黄土覆盖山地等类型；按照营力成因划分为黄土堆积和侵蚀地貌类型。罗来兴(1956)对黄土地貌类型进行了划分，首先按照面积大小分为中型、小型和微型三类，再按照所处位置划分出类、亚类和型三个等级的形态类型。沈玉昌(1958)提出的地貌成因类型分类系统，把黄土地貌都划归到侵蚀剥蚀地貌类中，形态上细分出黄土塬、黄土丘陵、黄土沟谷三种类型。1964年出版的比例尺1：10000000的《中华人民共和国自然地图集》把黄土地貌划分为侵蚀剥蚀的黄土塬和黄土丘陵两种类型(廖克，1999)。1987年制定的《中国1：1000000地貌图制图规范》，按照地势起伏度和海拔将黄土划分为平原、台地、丘陵、低山和中山等14种类型(中国科学院地理研究所，1987)。地质学家按照地质构造、地质年代等为主要依据来划分黄土地貌类型，其中有以地质构造和侵蚀量为划分标准的，也有以火山作用和地壳运动为分类依据的。张宗枯(1986)编制的《中国黄土高原地貌类型图》，按照构造成因将黄土地貌类型划分出侵蚀构造、剥蚀构造、剥蚀堆积、侵蚀冲积、堆积构造和风积构造等6类。

地理学家和地质学家对地貌分类存在着某些差异：地理学家主要从地貌形态、成因方面考虑，而地质学家则主要是从地质构造、地质年代等方面来划分(柴慧霞等，2006)。国内外地貌分类所采用的划分标准，可以分为成因为主(Davis，

1899；沈玉昌等，1982)、形态为主(Penck，1894；梅德克，1984；周廷儒等，1956)、形态和成因相结合(李婧等，2007；沈玉昌等，1982；斯皮里顿诺夫，1956；苏时雨等，1999；周成虎等，2009)等几种类型(齐矗华等，1983；沈玉昌，1958)。目前，形态、成因相结合的分类被认为是可以较为全面地反映地貌形态和演化过程的方法。

2.2　DEM数字地形分析

2.2.1 数字地形分析与流域分析

随着数字地形分析技术的不断发展和完善，数字地形分析的内容也得到不断地丰富和扩充。据不完全统计，目前基于DEM数据源、通过数字地形分析技术获取的地形参数达百种之多，这些种类繁多的地形因子都从不同角度揭示了地形起伏变化与地貌发育的本质特征及内在规律(董有福，2010；李发源，2007)。数字地形分析的理论与技术也大量地应用于人类的生产生活中，如土木工程、景观设计、军事、通信等(Wilson et al.，2000；周启鸣等，2006)。Di Sabatino et al.(2008)利用DEM通过必要的参数计算，来计算风廓线的平均空间。唐矗等(2014)提出了一种以地形高程数据为基础，进行三维复杂地形建模及其风场分布求解的数值仿真方法。Zhang et al.(2012)利用DEM和流体力学模型来模拟风与风道。邓家铨等(1989)对不同地形下的近地层风场及污染气象特征进行了分析，发现大气边界层下部风场与地形关系密切，地形风是影响山区大气污染的主要因素之一。梁思超等(2011)以平板地形为几何模型，探索湍流模型及壁面函数模型中的一些参数对模拟沿流动方向均匀大气边界层的影响。赵亮等(2010)采用同时考虑地形起伏变化和距离作为主要因子的风场插值方法，设计并开发实现了风场插值功能，此基于地形起伏的风场插值方法对山区风场的模拟更接近实际。Schwiesow et al.(1982)研究了地形的高度与粗糙度对风廓线的影响。Ágústsson et al.(2009)提出了一种预测地形复杂区域的阵风的方法。Massimiliano Burlando et al.(2007)提出了一个简单高效、面向应用的、多步骤的过程模拟风场的方法。Eva Pantaleoni(2013)开发了一个独立于污染监测点和高度精确的空间和时间的空气污染模型。中国学者对基于DEM的数字地形分析理论和技术进行了归纳，把数字地形分析的主要内容划分为曲面参数计算、地形形态特征提取、地形综合特征分析和复合地形属性分析四个方面(董有福，2010；周启鸣等，2006)。周启鸣等(2006)围绕水文地貌参数和特征提取的内容，提出了数字地形分析的主要应用集中在区域范围内的地貌、水文、土壤和生态学方面。

从DEM中提取河网及流域已受到广泛的重视，流域的提取关键在于水流方向的提取。流向算法是提取的一个重要影响因素，ArcGIS等多数商业软件使用D8算法进行流水方向计算，主要原因是该方法简单有效(Chang, 2010)。D8算法在汇流区和边界明确的峡谷地区能够提取出比较好的结果(Freeman, 1991)，但容易在主方向上产生平行的水流(Moore, 1996)，并且无法充分表示凸地和山脊处的分流(Freeman, 1991)。目前，已有其他算法将随机性引入流向计算中，并允许流向扩散(Endreny et al., 2003; Wilson & Gallant, 2000)，如趋于无穷大的D8算法等(Tarboton, 1997)。O'Callaghan & Mark(1984)提出了基于地表坡面流水模拟原理的全局地形特征提取算法，其关键是计算出每个栅格点上游汇流区栅格点数总和，而后通过汇流累积阈值提取沟谷线。基于地表流水模拟分析的算法是根据流水流动的特点和客观规律，通过计算机人工模拟地表流水来提取分水线和合水线，具体分为地表流水模拟法和等高线垂线跟踪法两种，其本质上属于整体区域分析。此类方法存在计算量大、特征点线判断困难等问题(周毅, 2008)。

定量化的地形因子反映了地形某一方面的地形特征，它是有效研究与表达地貌形态特征且具有一定意义的数量化参数指标。地形因子按所表达的尺度范围可以分为微观因子和宏观因子：微观因子反映了该地貌微观地表单元的形态、起伏或扭曲特征，而宏观因子从全局角度反映地貌的宏观形态。常用的微观因子主要有坡度、坡向、曲率等；常用的宏观因子主要有地形粗糙度、地形起伏度、高程变异系数等。基于DEM的地形因子主要运用邻域分析方法计算获得，在一定的空间范围内通过一定的运算规则计算出相应的参数值(李发源, 2007)。

地形特征对象是指对地表的空间分布特征具有控制作用的点、线或面状要素，它构成了地形表面形态与起伏变化的基本框架(罗明良, 2008)。地形特征对象从类型上可以分为特征点、特征线、特征面。特征点有谷底点、山顶点、凹陷点、脊点、鞍点、平地点、径流结点、裂点等(Peucker et al., 1975; Wood, 1996; 黄培之, 2001; 罗明良, 2008)；特征线有流域边界线、山谷线、沟沿线、山脊线、山谷线、沟沿线和水系等(O'Callaghan et al., 1984; Tarboton, 1997; 王耀革等, 2002)；特征面有流域面、正负地形等。特征地形要素的提取多采用较为复杂的技术方法，其中山谷线、山脊线、河流网络等的提取采用了全域分析法，是DEM地学分析中非常有特色的数据处理内容(周毅, 2008)。

2.2.2 地形指标

地形指标是指在一定尺度和视角下，对地貌的形态特征进行定性、定量描述的衡量值。地形指标既可以在微观尺度上反映坡面的地表物质迁移与能量转换的强度，又能从全局宏观的角度揭示地表形态起伏的基本格局。针对地形指标，科学家们提出了各种不同类型的指标。Wood(1996)将地形指标划分为一般地形指标和水文特征指标；Moore(1991)和Wilson et al.(2000)将地形指标划分为单要素指标与复合指标；Florinsky(1998)将地形指标划分为局部地形指标与非局部地形指标。此外，也有学者根据研究主题和目的提出了相应的指标体系。肖晨超(2007)分别从不同尺度范围上提出了沟沿线的一系列量化指标；贾旖旎(2010)考虑不同方面提出了流域边界剖面谱量化指标；周毅(2011)从不同角度提出了一系列量化正负地形指标。

学者们根据地形指标所反映和表达的地形特征对象、空间尺度、表达功能提出了相应的地形指标体系。地形特征对象指标是指从地形特征对象的角度观察地形及其地貌结构。描述地形点特征的地形指标主要有山顶点、鞍部点、山脊点、山谷点等地形特征点(张维等，2011；周毅等，2007)；描述地形线特征的地形指标有汇水线、分水线和沟沿线等描述地区地形起伏变化关键的骨架线(闾国年等，1998b；袁晓辉等，2003；张渭军等，2006)；描述地形面特征的地形指标包括由分水线构成的流域面、由分水线和坡脚线划分出的坡面等。空间尺度指标是指地形指标所描述的空间区域范围。地形尺度指标是指按照尺度划分的栅格单元、坡面、流域、区域尺度等地形指标(汤国安等，2005)。坡面尺度地形指标分为微观坡面地形指标和宏观坡面地形指标：将一个微分单元看成一个坡面称为微观坡面地形指标；将完整的坡面视为研究对象称为宏观坡面地形指标。流域尺度地形指标以分水线包围的流域为分析区域，它属于中尺度地貌特征指标。区域尺度地形指标是指根据研究需要划分出的一定大小的空间范围，区域尺度是比流域尺度范围更大、更高一级的尺度。表达功能地形指标是指描述地表形态或描述地貌发育过程的指标，如地形起伏度、地形粗糙度、流域圆度、沟谷纵比降、流域地势比、蚕食度、逼近度、沟壑密度、面积高程积分等地形指标(蒋忠信，1999；刘新华等，2001；王昕，2002；张磊，2013；周毅，2008)。尽管不同地形指标在算法公式与表达内容上有所不同，但它们并不是孤立的而是互相关联的。陈浩等(1986)分析了沟壑密度与沟谷流域形态特征、切割深度之间的相关性；崔灵周等(2006)研究了分形维数与侵蚀产沙过程的关系；张婷和朱红春(2005)对地形指标关联性进行了初步的研究。

2.2.3 地形简化

地形的多分辨率表示以三角网结构为基础，采用层次结构的TIN(triangulated irregular network，不规则三角网)数据表示多分辨率地形(Cignoni et al.，1997；Scarlatos，1990)。由于生成TIN结构需要规模庞大的计算，所以在实时交互中会出现反应迟缓的问题(Lindstrom et al.，1996)。学者们提出了多种与视点相关的地形简化技术，这些技术针对视点的位置进行细节简化，而不是对整个地形模型进行简化。Lindstrom et al.(1996)提出了与视点相关的地形实时可视化算法。Hoppe et al.(1997)对Lindstrom算法做了一系列的改进，分别提出了VDPM法则和ROAM算法。Klein et al.(1996)提出的算法基于TIN结构进行简化并且提供了精确的误差控制机制，但由于使用了TIN结构，其简化速度受到了影响。Luebke et al.(1997)也提出了一种基于顶点树(vertex tree)的针对任意几何模型的简化算法。以上这些简化方法都是与视点相关的简化技术。由于当前对地形地貌的表达模型主要是等高线和格网DEM，所以对地形自动综合的研究方向主要集中在基于等高线的地形综合和基于DEM的地形综合两个方面。在等高线的地形自动综合方面，费立凡(1993)采用模拟人类专家智能的方法，从二维等高线输入数据提取地貌结构信息，获得了简化效果良好的综合结果。毋河海(1996)建立了一套制图综合理论体系，为地形综合提供了指导思想。郭庆胜等(2000)建立了一套实用的等高线图形简化的渐进式方法，可以把不同比例尺跨度的等高线图形融为一体，易于实现等高线简化。艾廷华等(2003)用Delaunay三角网对等高线数据进行特征分析并提取谷地树，减少和避免了DEM方法中的噪音干扰。对于格网DEM表示的地形，Gross等(1995)最先提出了一种可实时显示地形的网格自适应镶嵌算法，该算法的基础为对规则格网进行小波变换。这种方法虽简化效果良好，但因其在绘制和简化过程中需将大部分数据调入内存，这对具有海量特征的地形模型非常不适宜(曹志冬，2005)。杨族桥(2003)等利用多进制小波理论简化DEM数据，并利用波器组对简化的数据进行重构，实现了DEM简化。马海建等(2004)运用数据重采样压缩和重采样的方法对DEM进行简化。杨族桥(2005)将提升算法应用于DEM数据的多尺度表达，在地形特征线的提取中取得了明显的效果。胡鹏等将地图代数的思想和方法引入地形结构线的提取，采用区域互补的方法解决了特征线连接问题(胡鹏等，2002；吴艳兰等，2006)。费立凡(2006)提出三维道格拉斯3D-P法并应用到DEM地形简化中。张寅宝等(2008)提出基于小波变换与滤波的规则格网简化方法，综合效果明显，为三维地形的多分辨率合理建模与精度评估提供了理论和方法。李精忠等(2009)提出了一种基于次要谷地特征识别与填充的结构化DEM综合方法。董有福等(2012；2013)基于信息学理论构建了DEM点位地形信息综合量化模型,并通过优先保留地形骨架特征点,有效减少地形失真,从而满足不同层次的多尺度数字地形建模和表达的要求,接着又提出了利用地形信息强度指数的DEM简化方案。王春等(2013)介绍了DEM地形表达的尺度效应及其主控因子,对深化DEM尺度问题研究和高保真DEM的构建提供了指导思想。

同时,学者们也在地形综合的其他方面做了大量的工作。王璐锦等(2000)提出以地表分形维数作为地形简化指标的多分辨率地形简化方法。吴亚东等提出基于屏幕投影误差的地形简化方法(杜金莲等,2003；吴亚东等,2000)。金宝轩等(2004)提出了动态调度地形块内三角形二叉树的地形简化方法,以实现大规模场景数据的实时漫游。杨平等(2002)提出了基于可变四叉树的地形简化算法,以便能够进行大规模DEM的实时可视化和动态交互。

2.3 树形结构分析

树形结构是一种在科学研究中广泛应用的抽象表达和理论模型,可应用到科学研究的各个领域。在物理学研究领域,Ren et al.(2012)基于二等分线和叶子结点的HV/VH树,提出了一种新的数据结构,用于表现集成电路的布局,在内存的使用量和区域问询的速度上有极佳的表现。刘佳(2010)基于树形计算结构提出了一种电力系统潮流分区并行算法,大幅度降低了潮流计算中求解修正方程组的计算量。李会勇(2010)在研究机构建模与运动学分析时建立了对树结构及结点的操作运算方法,依据递归方法将平面机构表达为树结构；使用该方法可方便地修改机构构型及其尺度参数,并可灵活地构建复杂的机构模型。在数学领域,Xiong & Wang(2003)提出了一种通过“点–树”数据结构遗传规划(point-tree data structure genetic programming)方法来解决不连续的函数回归问题。在Web挖掘领域中,Yazdani et al.(2009)提出了通过树形结构来对网站进行分类,这样不仅减少了算法的运行时间,也提高了分类过程的准确度。在统计学方面,Calle et al.(2013)提出了一种由R树结构支持的用于预测如属性、偏好或行为等一些未知特征的统计用户模型。在地学领域,曹晓磊(2006)在地形简化和漫游、三维地形可视化技术中,利用树形结构的LOD(Levels of Detail,多细节层次)模型实现多分辨率地形简化,使地形描述和表达更加真实和接近肉眼观察的效果。在文学知识领域上,弗吉尼亚·伍尔夫使用树形结构阐释小说结构上的有机性、整一性和生发性，并深层次探讨了小说的思想内涵（张河芬，2008）。程纪香（2011）将"树状结构"教学法应用到高校女生排球选修课隐性知识中。张晓甜（2013）将句法树应用于语言学中跨语境的比较，驱动短语树到音律层次树结构之间的转换。Maurer & Ottmann(1977)用树形结构解决著名的"字典问题"。Sukor et al.(2013)提出可以运用树形结构来进行字迹辨认，依据选择的字迹特征生成无冗余特性的紧子集，以此来提升文字的可译性。甚至在动漫领域也有树形结构的应用，Nascimento et al.(2012)在动漫动画领域提出了一种基于区域树的方法，用于2D图像的着色和照明，以减少工作量。

树形结构在信息科学领域方面具有广泛的应用。于海等（2006）提出了基于树形结构的更高效率的多层网络攻击分类方法。刘玲（2008）提出了在节能、负载均衡和存储系统性能方面有明显优势的树结构数据融合路由算法。于海霞等（2010）基于无线传感器网络高安全性的要求，提出树形结构的无线传感器网络动态密钥管理方案。吉永光（2007）和严皓亮等（2013）充分利用树形结构的层序传递特性，设计并实现了移动端设备与服务端数据的高效缓存与访问的树形同步模型。王倩（2011）在软件测试中，利用约束求解和二叉树结构遗传搜索的方法，确定了数据的值域。产品特征提取算法上，王润青（2013）用产品树来表示产品的信息特征，非叶子结点代表一个产品分类，叶子结点表示具体产品。国内外学者对于树形结构在数据的查询与检索方面的应用做了大量的研究。如在数据存储、查询、检索方面，平衡树、多路搜索树（B-Tree）、MKL树索引结构等的应用，使得记录容易被插入、删除、搜索，并可按照不同关键字排序，从而提取到更多可供选择的特性，同时增加了索引的辨别能力（Franco et al.，2007；Ren et al.，1999；毛影，2010）。Lee & Chung(2001)提出将R树与主内存数据结构相结合，以提高空间查询处理能力，这在非传统学科应用中是很重要的。Wang et al.(2011)提出基于2K树和R树设计的数据检索结构，通过建立逻辑记录与实际记录的对应关系，解决了单一索引在大数据条件下空间数据检索与访问效率低的问题。郑伟（2006）在XML文档树形结构的基础上，利用树的拓扑结构、子树查询和树剪枝算法，实现了XML智能信息检索。Chen & Liu(2009)提出的新框架使用了分层熵树（HE-Tree）结构来捕捉数据流中聚类的熵的特性，以提取数据流中的聚类信息并形成高质量BK图。生物学中，进化树（Evolutionary Tree）用来表示物种之间的进化关系（马志杰等，2007；李斌等，2006；阎锡海等，2005）。生物分类学家和进化论者根据各类生物间的亲缘关系的远近，把各类生物安置在有分枝的树状图上，直观地表示出生物的进化历程和亲缘关系（Di Rienzo et al.，1991；Felsenstein，1981；Ferris et al.，1981；王珊珊等，2004）。在进化树上，每个叶子结点代表一个物种，每条边都被赋予一个适当的权值，两个叶子结点之间的最短距离表示相应的两个物种之间的差异程度。研究者也根据蛋白质分子进化树来分析和研究蛋白质之间的进化距离。我们不但能利用生物进化树研究单细胞有机体与多细胞有机体之间的生物进化过程，还可以利用生物进化树叶粗略估算现存各类种属生物间的分歧时间(李兰娟等，2004；马志杰等，2007；王珊珊等，2004)。对于物种分类问题，蛋白质的分子进化树亦可作为一个重要的依据(Geritz et al.，1998；Kishino et al.，1989；Rogers et al.，1985；李兰娟等，2004)。构建、处理和分析进化树的方法有Minimum Evolution、Neighbor-Joining、Maximum Parsimony、最大似然法、Bootstrap以及Bayesian推断等方法(Hall，2005；Kishino & Hasegawa，1989；Nylander，2004)。Abe et al.(1997)提出了一种利用随机树预测氨基酸序列中蛋白质二级结构的算法。Mossos et al.(2014)在FS-tree的基础上用关联规则挖掘算法来描述氨基酸与其相应结构序列之间的关系。在地学研究中，等高线树(Contour Tree)是根据等高线图形的分布特点和高程信息建立的一种树形结构，反映了等高线之间的拓扑关系及相对高差等信息(乔朝飞等，2005)，主要应用于等高线颜色填充与分层设色(宋敦江等，2011；张琳琳等，2005)、等高线的高程质量检查和自动赋值(郝向阳，1997；刘建军等，2004；宋敦江等，2011)、地貌分类(Cronin，2000；宋敦江等，2011)、路径分析(张琳琳等，2005)、多分辨率DEM模拟、空间关系判定(乔朝飞等，2005；吴凡等，2006)、地形推理(乔朝飞等，2005)等。在城市研究中，Wang et al.(2012)利用演化树将我国多个城市的多元统计数据分别按城市类型和发展阶段先后聚类，有序地安排在一棵“树”的干、枝和叶上，组成一棵城市群演化树，将多元数据中可能蕴藏的关联脉络和演化变异以一种简单清晰的形式表达出来，可视化地揭示出了城市群的演化规律和变异。树形结构设计模式在其他方面也有很多应用，比如段壮志(2012)和盛四清等(2008)运用树形结构分别解决了挖掘机和配电网的故障问题。

2.4　讨　论

前人对流域地貌和黄土高原地区的研究已取得十分重要的成果，确立了一系列描述流域特征、结构和发育演化的指标模型；同时，由于DEM本身具有定量化和参数快速提取的优势，DEM数字地形分析在流域地貌研究中的作用也在不断加强。人们在各个学科领域广泛利用树形结构进行分析研究，从而积累了许多方法与经验。然而，当前的关于流域地貌系统的研究中还存在着一些问题：

(1) 现有的流域形态特征指标是对某一尺度下流域面形态特征的概化表达，较难反映流域整体的地形特征情况。各个指标只是反映流域地貌系统的某一侧面或某一属性的信息，不能有效地融合各种尺度和类型的指标，没有从整体上对流域地貌系统进行分析和研究。

(2) 对于利用DEM地形分析方法对流域地貌系统进行研究，学者们已做了大量富有成效的工作。但由于流域地貌系统本身的复杂性，人们很难利用单一的定量地形指标去描述它们；同时，就总体而言，目前利用DEM进行地貌研究的定量化程度还比较低，研究尚显不足。

(3) 流域信息树具有明确的地貌学含义与物理意义。传统基于DEM技术对流域地貌系统的研究的着眼点基本是以某一尺度和某几个指标进行的，难以兼顾地貌特征多尺度、多样性、地貌成因多源性等影响因素。以层次树状结构视角揭示流域地貌的空间结构特征，对明确其组织与演化规律、把握流域地貌系统的非线性复杂结构具有重要的理论意义。如何在此基础上，在流域信息树结点内嵌入更多的流域内地形特征要素信息，建立具有多层次、多指标、多类型的树形结构表达体系，从而反映流域的发育形态与阶段，具有重要的应用价值。流域信息树是对现有利用数字地形分析理论和方法进行流域地貌系统研究的进一步探索和有益尝试。

第3章　研究基础

本章介绍了研究区的基本自然地理状况,阐述了实验样区选取的原则、样区DEM数据精度的情况。同时,为保证不同来源的DEM数据具有统一的坐标系统,本章也对不同来源的DEM数据的预处理过程进行了具体的说明。

3.1　实验样区

3.1.1 研究区概况

黄土高原位于我国中部,面积约64万km^2,是我国四大高原之一(刘东生,1985;朱孟春,1988)。它处于我国地形的第二级阶梯,平均海拔为1000~1500 m。整个高原的黄土覆盖面积广,厚度大,第四纪地层发育完整。黄土高原是在整体抬升的刚性鄂尔多斯地块上形成的一个完整的区域综合体,是由风力堆积和雨水侵蚀作用形成的;地貌在发育过程中,既有较明显的内营力作用的影响,也有强烈的外营力作用的遗迹(齐矗华等,1991)。总地势是西北高、东南低,地貌特点是千沟万壑、丘陵起伏、梁峁逶迤。黄土高原是一个以黄土地貌为主体、多种黄土区域地貌并存的单元组合体;在这个区域综合体中,差异与趋同共存。黄土高原地貌类型的空间分异规律表现非常明显。从北向南,地貌类型由沙盖黄土低丘地貌向峁状丘陵沟壑地貌类型逐渐过渡,再向南过渡到峁梁状丘陵沟壑地貌,而后逐渐过渡到梁峁状丘陵沟壑地貌、梁状丘陵沟壑地貌、黄土残塬地貌,最后过渡到台塬为主的黄土台塬地貌(李军锋,2006)。黄土高原上的区域地貌单元无论是成因、地貌形态特征、侵蚀规律等,都具有很多的共性。黄土塬、梁、峁及沟壑、黄土喀斯特等地貌发育十分典型,基本涵盖了黄土高原大部分的区域(李军锋,2006;罗枢运等,1988)。黄土塬是黄土高原经过现代沟壑流水切割后留存下来的高原面;黄土梁与峁是黄土塬经流水不断侵蚀分割而形成的;黄土丘陵形成的形态格局可能与黄土高原早期的古丘陵地形有关；黄土沟多数是由流水线状侵蚀同时伴随着滑塌、泻溜而形成的。

(1)地貌发育过程的相似性。第三纪末以来，在差异性上升、下降运动的影响下，形成了一系列的山地和盆地；第四纪以来黄土高原新构造运动总体表现为内部大面积整体性、间歇性抬升，而其四周的坳陷或地堑则在不断下沉；并经历了黄土的堆积与侵蚀，形成了今天的地貌轮廓与各种地貌类型。

(2)地貌形态的连续性。第四纪以来黄土高原地区广泛地堆积黄土，黄土分布范围广，厚度大，一般厚度达100~200 m，并且有一定的连续性；黄土为该区域主要的地表自然物质；具有一定的区域流域地貌的完整性。

(3)现代地貌作用过程较强烈，且以流水侵蚀为主，水土流失严重，流域地貌特征表现明显。

本书所涉及区域是黄土高原水土流失最为典型和明显的区域，是黄土高原重点水土流失区。研究区域内黄土覆盖面积广、厚度大，其厚度一般为100~200 m，最大厚度可达300 m，第四纪地层发育完整(李军锋，2006；张婷，2005)。核心区域的地貌类型以黄土地貌为主：中部地区分布有部分石质山岭、高原平地、盆地等地貌类型；北部与风沙–黄土过渡地貌区相邻接(李军锋，2006；周毅，2011)。研究区内黄土塬、梁、峁、黄土喀斯特等地貌发育典型完整，地貌类型的分布呈现出十分明显的空间分异规律。该研究区域常年受到流水侵蚀，水土流失严重，是黄河泥沙的主要来源之一(甘枝茂，1989)。选择该地区作为研究区域，能充分顾及流域地貌发育过程中物质、能量的交换及相互关系，流域地貌的局部特征和总体特征都能得到较好的体现(李军锋，2006)。

3.1.2 研究样区选择原则

认识事物都需从特殊和一般的情况入手，从特殊到一般，再从一般到特殊，进行综合研究及推理论证。基于这种思路，本书分别选择一般类型区域和典型类型区域展开研究。

实验样区的基本选取原则如下：

●科学性原则：实验样区的选择应充分考虑流域地貌学和小流域方面研究的已有研究成果。

●典型性原则：实验样区的选择应该充分体现样区所属地貌类型区域流域地貌的特征，实现个性与共性的统一、典型性与普遍性的统一。

●数据空间尺度的差异性原则：不同空间尺度的地理数据包含的信息容量和视角是不同的，应根据研究目的对不同尺度的数据进行融合处理分析，做到多尺度的有机整合。

●数据的可获取性与完整性原则：数据的完整获取是开展实验与研究的基础。选取的样区要求基本资料充分、准确、现实性好、代表性强。

根据实验样区选取的基本原则，本书的实验样区分为一般实验样区和典型实验样区两部分。

1. 一般实验样区

选取陕西境内的黄土高原为主研究样区，其内部地貌类型丰富。根据黄土高原地貌类型图分别选取该地区对应的1：10000标准DEM数据和ASTER DEM数据，以使所有实验数据都可以包含黄土高原的典型地貌类型。一般实验样区包含的地貌类型分别是黄土完整台塬、黄土残塬、黄土塬、黄土破碎台塬、中度切割台塬、黄土覆盖低山、蚀余黄土低山、黄土梁峁、黄土峁梁、黄土平梁、黄土斜梁、黄土长梁、沙盖黄土梁、黄土丘陵、蚀余基岩丘陵等地貌类型。一般实验样区的空间分布情况如图3.1所示。

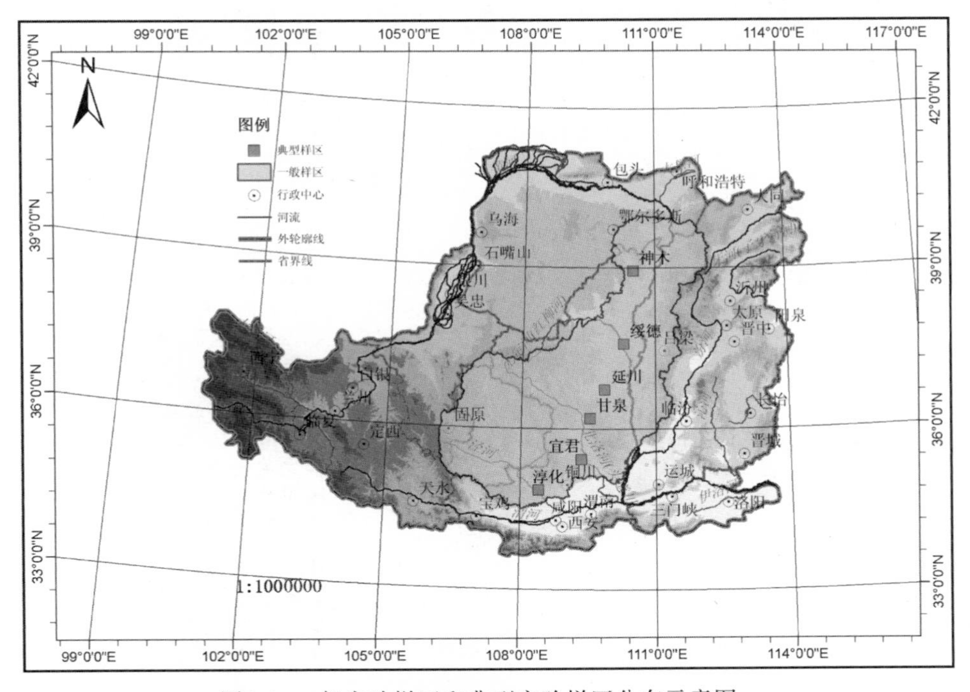

图3.1　一般实验样区和典型实验样区分布示意图

2. 典型实验样区

考虑到实验样区选取的典型性及数据的精确性，从北至南依次选取神木、绥德、延川、甘泉、宜君和淳化6个地区为典型实验样区。每个样区至少包含16幅1∶10000 DEM数据，它们是黄土高原最为典型的地貌类型区。6个典型样区的实验DEM数据均为国家测绘局标准5 m分辨率1∶10000比例尺DEM数据，精度基本上能够比较真实地反映不同地貌类型区的流域地貌细部特征，有利于精确地提取流域信息和分析流域之间的差异和分布规律。6个典型样区由北向南分别为沙盖黄土低丘区、黄土峁状丘陵沟壑区、黄土梁峁状丘陵沟壑区、黄土梁状丘陵沟壑区、黄土长梁残塬丘陵沟壑区和黄土塬区。本研究以这6个样区为重点研究样区，对其进行详细的剖析。典型实验样区的空间分布情况和样区的基本概况如图3.1和表3.1所示。

表3.1　典型实验样区概况

地理坐标	样区	地貌类型	基本自然状况
110° 15′ 00″ ~110° 22′ 30″ E; 38° 50′ 00″ ~38° 55′ 00″ N	神木	沙盖黄土低丘	位于陕西省神木县城西北部野窑河中游支流，有连片的低丘分布，其上覆盖有薄层片沙和低缓沙丘，海拔1005~1322 m
110° 15′ 00″ ~110° 22′ 30″ E; 37° 32′ 30″ ~37° 37′ 30″ N	绥德	黄土峁状丘陵沟壑	位于陕西省绥德县无定河中游，区内丘陵起伏，沟壑纵横，土壤侵蚀极为剧烈，海拔814~1188 m
109° 52′ 30″ ~110° 00′ 00″ E; 36° 42′ 30″ ~36° 47′ 30″ N	延川	黄土梁峁状丘陵沟壑	位于陕西延川县城西南部延河中游地区，相对切割深度150~200 m；梁状坡面发育细沟、浅沟，面状、线状侵蚀剧烈；梁峁以下，冲沟、干沟和河沟深切
109° 30′ 00″ ~109° 37′ 30″ E; 36° 10′ 00″ ~36° 15′ 00″ N	甘泉	黄土梁状丘陵沟壑	位于陕西省甘泉县城东南部洛河中游地区，梁坡上面沟、细沟和切沟侵蚀处于加速阶段；梁地间的冲沟、河沟下切强烈，海拔1145~1458 m
109° 18′ 45″ ~109° 26′ 15″ E; 35° 25′ 00″ ~35° 30′ 00″ N	宜君	黄土长梁残塬丘陵沟壑	位于陕西省宜君县城东北部洛河中下游地区，沟谷溯源侵蚀强烈，重力侵蚀活跃，海拔761~1158 m
108° 22′ 30″ ~108° 30′ 00″ E; 34° 50′ 00″ ~34° 55′ 00″ N	淳化	黄土塬	位于陕西省淳化县城西北部泾河中游地区，黄土塬及残塬为主要地貌类型，塬面地形平缓，海拔768~1188 m

3.2　实验数据

一般实验样区主要利用美国航天局与日本共同推出的ASTER GDEM数据作为大范围、大尺度区域的分析数据，以便于展开全局尺度的流域信息树分析(李梅香等，2010)。ASTER GDEM这一全新的地球数字高程模型是通过先进的星载热发射和反射辐射计，采用推扫成像方式进行同轨立体测量采集数据而制作的(朱梅，2010)。ASTER测绘数据覆盖范围为北纬83°到南纬83°之间的所有区域，比以往任何地形图都要广得多，涵盖了地球陆地表面的99%(张朝忙等，2012)，数据可在网上免费获取。表3.2描述了ASTER GDEM数据的基本参数(李梅香等，2010)。

表3.2　ASTER GDEM基本参数

数据基本特征	描　述
分片尺寸	3601像素 ×3601像素(1° ×1°)
空间分辨率	1 ard/s(约30 m)
地理坐标	地理经纬度坐标，参考大地水准面WGS84/EGM96
DEM数据格式	GeoTIFF
特殊DN值	无效像素值为–9999，海平面数据为0
覆盖范围	北纬83°到南纬83°
精度	垂直精度20 m，水平精度30 m

由于获取ASTER GDEM数据过程中各方面因素的影响，一些数据出现质量缺陷：如边界堆叠作用会使ASTER GDEM数据中出现异常的坑、隆起等问题，进而影响到数据的精度；在数据重复较少的区域，由于云层遮挡，可能产生明显的异常值；由于没有在内陆水域进行掩蔽处理，内陆湖泊水系上的高程值是不稳定的(康晓伟等，2011)。对于这些缺陷，美国国家测绘局通过空间插值的方法，对数据的缺失区域进行了填补。同时，有不少学者对ASTER GDEM数据缺陷的修复问题进行了相关的研究，提出了反距离加权平均法(李梅香等，2010)、三角网内插法(Goncalves et al.，2005；陈传法等，2010；李梅香等，2010；刘少华等，2002；王涛等，2006)、数据融合法(李梅香等，2010)及可变窗分析(余蓬春等，2010；张朝忙等，2012)等方法。本书使用的ASTER GDEM的数据，采用了手工几何坐标校正，数据质量缺陷通过栅格邻域分析的数据融合方法进行修补。

典型实验样区采用的是国家测绘局标准5 m分辨率1∶10000比例尺DEM地形数据，坐标系统为西安80坐标系，地图投影为3度分带高斯－克吕格投影，1985国家高程基准。1∶10000 DEM数据的空间分辨率较为精细，可以用于分析与提取典型小流域的细部特征。国家测绘局标准的1∶10000比例尺DEM高程数据的精度标准如表3.3所描述。

表3.3　1∶10000比例尺DEM精度标准(中国国家测绘局，1998)

地形类型	地形图基本等高距(m)	地面坡度(°)	格网点高程误差(m)		
			一级	二级	三级
平地	1	<2	0.5	0.7	1.0
丘陵地	2.5	2~6	1.2	1.7	2.5
山地	5	6~25	2.5	3.3	5.0
高山地	10	>25	5.0	6.7	10.0

3.3　数据预处理

我国1∶10000 DEM数据采用高斯－克吕格投影。但是，由于1∶10000 DEM采用3度分带，而ASTER GDEM采用WGS84坐标系统，没有经过投影转换，因此，西安80平面直角坐标系和WGS84大地坐标在空间定位、定向时，椭球体的长轴和扁心率不一样，致使地面上的同一点在这两种坐标系中的坐标值不同，会有几十米到100多米的差距，并且不同的位置差距也不同。因此，在后续的数据分析处理过程中，必须首先保证所有的比例尺和不同来源的DEM数据都能进行正确的空间匹配，才能进行后续的研究分析。本书采用了人工几何校正和平移的方法将ASTER GDEM数据转换到西安80平面直角坐标系上。

另外，我国1∶10000 DEM数据采用似大地水准面为起算面的高程系统，高程基准是1985国家高程基准，而ASTER GDEM采用EGM96高程基准(郭海荣等，2004)，因此，高程测量值会产生垂直偏差。郭海荣等(2004)通过研究认为，1985国家高程基准比EGM96高大约35.5 cm，且系统差自东向西增大。本书参考该结论对ASTER GDEM 数据进行垂直误差校正，以消除不同高程基准带来的系统性偏差。同时，由于传感器平台的系统畸变及后期立体成像对处理过程中的不确定性等各种因素的作用，导致ASTER GDEM在部分地区有小块的数据异常，它们低于或高于周围值，使得图像存在明显的形状和大小不等的“黑斑”或“白斑”。本书采用了基于栅格邻域分析的数据融合方法对噪声高程点进行插补处理。

第4章　流域信息树的构建与量化表达

本章从流域信息树的概念模型、地学含义、基本特征、指标量化体系以及流域信息树的构建流程、影响因素和不确定性等几个方面，对流域信息树的基础理论和构建方法进行了全面的分析与讨论，从各个角度对流域信息树进行深入的诠释。

4.1　流域信息树概念

4.1.1 流域信息树的定义与地学含义

流域地貌系统作为一个时空上多尺度、有规律且复杂多变的非线性系统，在多环境因素的综合作用下，形成了具有物质和能量流动与具有复杂空间结构表象的整体系统。流域地貌系统的形态及其空间结构是流域系统内部和外部能量综合作用的结果。对于流域地貌系统而言，流域是其最小的基本单元，指的是河流或湖泊的集水区域。流域有不同的空间尺度，它可以是覆盖整个河流网络的区域，如常说的长江流域、黄河流域等，也可以是河流支流的集水区域，这时称之为子流域。降水在重力作用下沿槽形谷地流动，就形成了所谓的河流。河流沿途通过不断接纳支流，水量不断增加就形成了河流的重要组成部分——干流和支流(周启鸣等，2006)。任何一个流域都有一个流水出水口点，它一般是流域边界的最低点。每一条河流或每一个水系都有一个流水补给区域，这部分闭合的区域面就是河流或水系的流域面，也就是河流或水系在地面上的集水区。流域由相互连接在一起的子流域构成，将一个流域划分成子流域的过程称为流域分割。流域具有尺度嵌套特征，一个高等级的流域可以包含数个低等级的小流域，低等级的小流域又可以包含更低等级的小流域。

为了深入揭示流域地貌系统的科学含义，一方面需要考虑流域自身的尺度嵌套特征，另一方面也要综合考虑流域的个体信息。针对此问题，本章提出流域信息树的概念。流域信息树是指在流域体系中，按照空间包含关系，由不同尺度的流域构建而成的树形层次组合，且在树的结点上融入各对应流域的多种流域信息指标。流域信息树具有明确的物理及地貌学意义，它既是对流域形态结构起重要控制作用的核心构架，是流域结构的“骨骼”，又是流域相关指标有序组织的“信息容器”。首先，流域信息树是由不同尺度的流域按照空间包含关系构建而成的树形层次结构体；其次，它的各结点内可融入流域的个体特征指标参数。因此，流域信息树是一个既具有宏观形状信息，又包含流域个体信息的综合组合体。流域信息树模型如图4.1所示。

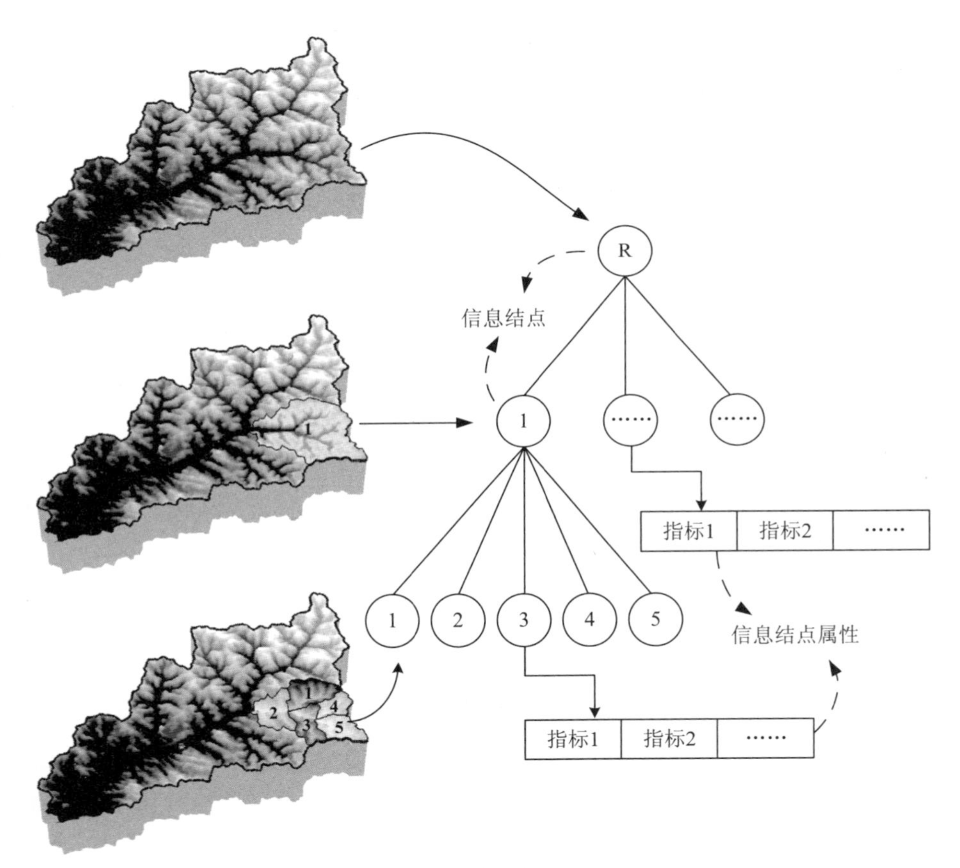

图4.1　流域信息树模型示意图

流域信息树并非是各尺度流域简单的组合和合并，而是具有严密的组织结构、层次关系、空间拓扑关系和完整属性描述的信息结点的有机整合。流域信息树模型反映了以下两方面的信息：①流域信息树的树形结构是对流域地貌形态起宏观表征和控制作用的核心构架，是反映流域层次嵌套结构的“骨骼”。流域信息树是由一系列对该流域整体具有重要控制作用及对流域特征具有映射表征作用的指标，表示不同尺度流域的树形立体组合。②流域信息树是流域个体结点信息有序组织的“容器”。流域信息树的结点是对某一级别与某一层次流域对象的抽象表达，在结点中可以加入其所代表流域的各种参数指标和空间地形特征对象等内容。结点属性值的选择至关重要，要求这些结点是地学意义明确、物理特征明确、描述角度全面的量化指标，它们是利用流域信息树定量化研究流域地貌的基础。流域信息树充分利用树结点的属性特征，将地形参数等指标按照设定的顺序存储在流域信息树的各结点中。

流域信息树的关键特点是一个信息结点可以包含和引用多个定性或定量指标，并且在整体结构上维护了各尺度流域间的空间拓扑与尺度关系。流域信息树对流域地貌系统的层次特征和流域个体信息进行了详细的体现和表达，明确了流域信息树的构成和组织关系，是对流域结构和流域个体信息最为直观的体现和复合表达。流域信息树表现出的不同形态结构和结点个体信息的差异，充分体现了流域地貌系统是各种内、外营力相互影响作用的结果，表明了流域信息树是一种具有深刻地貌学含义的模型。

4.1.2 流域信息树的特征与性质

流域信息树是根据信息结点的流域级别、层次类型、空间拓扑关系等一系列特定的规则排列而成的流域结构和个体信息的有序组合，其基本结构和信息指标直接反映了各尺度流域之间的联系。流域信息树的特征和性质如下：

(1) 整体性。流域信息树抓住了信息结点所表达的各尺度流域间的上、下位关系，构建起按包含关系由大到小排列的整体宏观组织结构。流域信息树不仅从整体上以流域为载体直接反映自然界各尺度流域的特征，同时也间接反映了构成实际流域地貌系统的流域单元空间上的拓扑关系、包含关系、几何面积关系等内容。流域信息树把握住了流域间的横向联系，进行纵向整合，抓住了流域地貌系统的中心要领，统揽了整个流域的全局信息。

(2) 层次结构性。流域信息树的各信息结点之间呈现出层次递进的结构，各父子信息结点之间利用空间包含关系来维持树的层次结构。流域信息树的层次结构特性是有别于其他方法的显著特征，主要表现为在空间上(不同地貌区)、时间上(不同地貌发育阶段)，流域信息树的结点数量、树的层数、形态组织结构都差异明显。

(3)信息容量可变性。流域信息树靠近上层父亲结点的信息结点,包含的是宏观、概括性的地形地貌信息,而越靠下层的结点其信息越具体;越接近最上层的父结点表征的信息越宏观,越往下层的信息结点表征的信息越微观。因此,对于一棵流域信息树而言,其各个层次的信息结点反映的是特定尺度状态下流域地貌的存在方式,其不同层次的结点对应于不同的观察视角,具有信息容量可变性的特点。

(4)可度量性。为了比较两个事物在某个方面的差异,往往需要对该方面的差异进行量化,借助某个具体的量化值来进行比较。可度量性是为比较而存在的,没有对两个事物差异的比较,就没有度量。流域信息树可认为是真实客观地反映自然地形特征的模型,是获取流域地貌知识的信息源,是反映流域系统信息内容的条理性表达。流域信息树可度量性地表现为:①流域信息树具有相应的树结构信息量化指标;②流域信息树的各个结点可以内嵌对应流域的各种指标参数。对于这些树结构信息量化指标和结点信息量化指标,可以使用经典的数理统计、数据挖掘等方法进行分析和处理,具有可度量的特征。

4.2 流域信息树构建

4.2.1 流域信息树构建流程

近年来随着GIS技术以及数字水文学的发展,流域中的分水线、河网、流域面的提取和相关水文计算完全能用数字化技术实现,流域的分割和提取可通过GIS软件中的水文分析模块得到。对于小流域尺度,美国国家环境保护署做出了界定,将流域分成5个级别:Basin, Sub-basin, Watershed, Sub-watershed, Catchment。美国国家环境保护署流域划分面积采用英制单位,将其尺度换算成公制单位(Robinson et al., 2006;祝士杰, 2013),结果如表4.1所示。

表4.1 流域的尺度及应用范围(据美国国家环境保护署)

类型	尺度范围(km^2)	应用范围
Basin	2589~25890	城市建设、道路和工矿用地扩展的水文响应过程的检测与评价
Sub-basin	258.9~2589	
Watershed	77.7~258.9	水质监测和流域生态系统恢复
Sub-watershed	1.3~77.7	
Catchment	2.59	居民地扩展的水文响应的监测评价

本研究选取的各个小流域的尺度类型属于Sub-watershed，其中，小流域的最大面积要求不能超过77.7 km²。据中国科学院水利部成都山地灾害与环境研究所的研究，当面积小于0.2 km²时就难以形成固定的集水区（祝士杰，2013），故而本研究以0.2 km²的阈值作为流域最小分割和提取的参数，进行相关流域面的分割。

流域信息树的构建是整个流域信息树研究的基础内容，主要包括DEM"填洼"处理、栅格水流方向确定、汇流累积量的确定、设置汇流阈值生成河网、流域提取、流域信息树构建、伪结点去除、指标计算、流域信息树构建等过程。在ArcGIS 9.3平台下，我们利用水文分析模块中的D8算法提取各个尺度的流域，对每个样区的流域进行分析并提取流域信息。我们选取其中典型的、完整的，达到一定面积的流域，作为构建流域信息树分析用的基本数据。汇流累积量阈值是沟谷网络和流域提取的关键因子，在生成流域时需要设定阈值范围。阈值的设定在河网的提取过程中也是非常重要的，并且直接影响到河网的提取结果。在设定阈值时，不同的阈值会造成不同的流域提取结果，直接采用人为指定阈值的方法也会导致不同的结果。为了能比较客观地提取出各个尺度所有的流域，本研究采用"穷举法"并结合人工判断的方法，利用Python脚本编程，采用不断循环的方式提取出各个阈值下的沟谷网络，而后利用程序批处理和辅助人工判断的方法，选择合适的流域并构建出流域信息树。多尺度流域提取及流域信息树构建流程如图4.2所示。

为了实现流域的半自动多尺度提取，我们利用ArcGIS中Python空间分析库里的Geoprocessor object编程对象，调用ArcToolbox中Spatial Analyst Tools模块下流域分析与提取工具包Hydrology中的流域分析功能函数，实现流域提取的批处理与半自动化处理。以下是相关功能函数的介绍。

(1)DEM洼地填充处理

原始DEM数据中提取的DEM存在洼地，这些洼地有些可以反映真实的地形，而有些是由DEM生成过程中带来的数据错误所致。洼地的存在会阻碍自然水流朝流域出口流动，影响对水流方向的分析。平地和洼地水流的处理直接影响流域特征自动提取的质量和效率，因此，在进行流域特征提取之前要进行"填洼"预处理，从高程栅格中去除洼地。使用ArcGIS的Python流域分析库，对每一个像元进行搜索，找出凹陷点并使其高程等于周围点的最小高程值，脚本使用Python脚本arcgisscripting包中的Fill_sa函数，实现对原始DEM数据中的洼地进行填平，得到与原始DEM数据相对应的已填洼DEM数据。

(2)栅格流水方向确定

栅格的水流方向是指水流离开每一个已填洼高程栅格单元时的方向。D8算

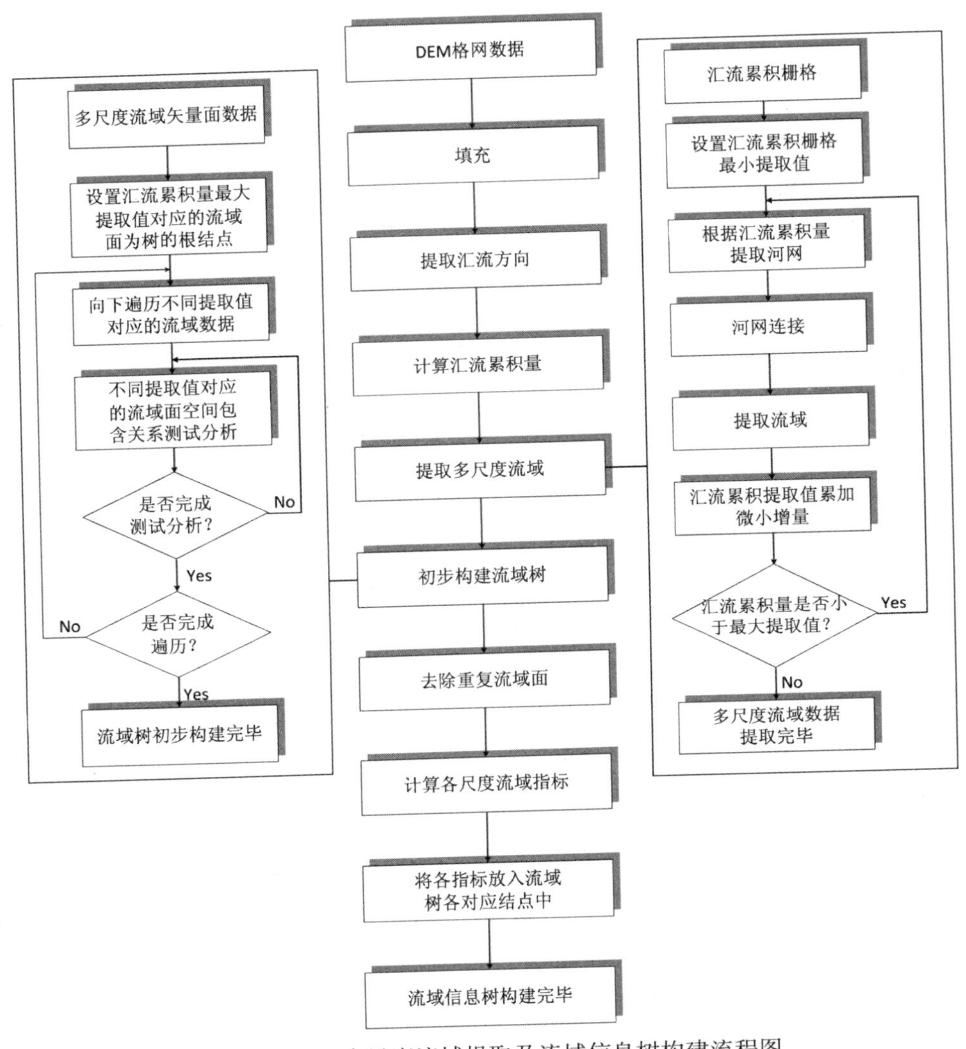

图4.2 DEM多尺度流域提取及流域信息树构建流程图

法是确定水流流向最常用的方法，该方法假设像元的水流只能流入周围相邻八个像元中的一个像元，比较每一个像元与周围像元间高程的大小关系；而后，将最陡的坡度作为水流的方向，即在3×3区域内计算DEM格网中心像元与各相邻像元间的最大坡度，取最大坡度指向的像元为水流的流出像元，该方向即为中心点像元水流的流向。在ArcGIS的Python流域分析库中，以填充后的DEM数据为基础，通过arcgisscripting包中的FlowDirection_sa函数，得到流向栅格数据。

(3)汇流累积量计算

流量累积栅格的每个像元是流经它的像元数之和,是根据流向栅格数据计算得来的。水流累积格网记录了每个像元有多少个上游像元给它给水。汇流累积数值越大,该区域越容易形成地表径流。汇流累积量的计算是提取流域河网的基础。

运用ArcGIS的Python流域分析库,以流向栅格数据为基础,通过arcgisscripting包中的FlowDirection_sa函数得到汇流累积量。

(4)设置汇流阈值生成河网

汇流阈值是由提取河网的精度和疏密度要求决定的,汇流累积阈值越小,提取的河网越稠密;汇流累积阈值越大,则提取的河网越稀疏。通过Spatial Analyst Tools模块下Map Algebra子模块的Python脚本SingleOutputMapAlgebra_sa函数,以不断for循环的方式,从最小汇流累积值开始,以微小的指定值为步长,累加到预先设置好的最大汇流累积值,从而确定汇流累积阈值,并逐次提取出所有对应的流域图层。

(5)流域提取

河网生成以后就可以确定整个流域的界限并划分流域。提取流域的第一步是确定流域的出水口位置。ArcGIS 以两个河道的交汇点作为流域的出水口。以上述提取步骤中得到的汇流累积栅格数据以及流向栅格数据为基础,通过Hydrology中的 StreamLink_sa函数得到流域出口的栅格数据,然后以该栅格数据和流向栅格数据为基础,通过Watershed_sa函数模块便可得到划分出的流域。再利用栅格矢量转换工具,将划分出的流域的栅格数据转换成矢量格式的流域多边形面。

(6)碎屑伪流域消除

在流域分割过程中,常见的错误是在相邻的流域边界处会出现细小的碎屑状的伪流域,这主要是由DEM本身的误差和流域提取算法的不完善所致。为了消除碎屑多边形对后续构建流域信息树的影响,本研究采用计算机程序辅助检查法和人工航片底图目视检查法来消除碎屑伪流域。计算机程序辅助检查法的原理是采用相邻最大面积归属合并和相邻最长公共边合并的方法实现碎屑伪流域的合并消除。相邻最大面积归属合并是根据相邻多边形面积的大小来决定碎屑伪流域合并于哪个流域面;如果碎屑伪流域与多个流域相邻,则合并于面积最大的那个相邻流域面。例如:碎屑伪流域P与流域面A、B相邻且流域面A的面积大于流域面B的面积,则碎屑伪流域P合并到A中。相邻最长公共边合并算法是根据相邻边的长度进行碎屑伪流域的合并。例如:碎屑伪流域P与流域面A、B的公共边分别是L_1和L_2,且L_2的边长大于L_1,则碎屑伪流域P合并到B中(图4.3)。

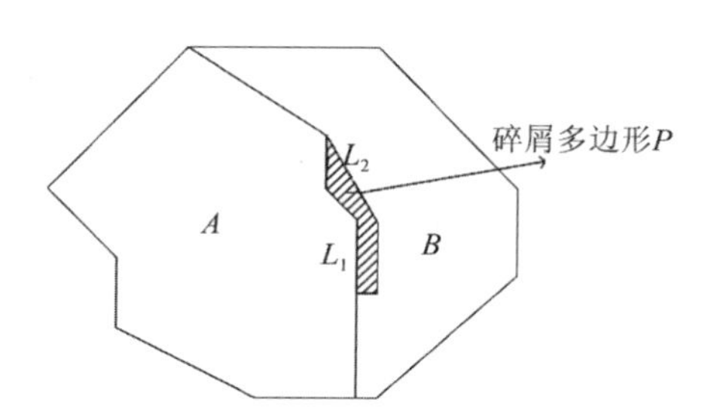

图4.3 计算机程序辅助检查法示意图

人工航片底图目视检查法是采用叠加航拍底图的方法,在计算机程序辅助检查法的基础上,对伪流域进行手工消除。计算机程序辅助检查法和人工航片底图目视检查法二者相结合,可以尽可能地消除碎屑伪流域并减少错误的发生。

(7)流域信息树构建

在流域信息树的构建过程中,流域信息树的根信息结点和叶子信息结点的面积取值范围,即流域分割时最大初始阈值与终止阈值的设定至关重要。

据上文所述,本研究分别以0.2 km^{2}和77.7 km^{2}的阈值作为流域分割的初始阈值与终止阈值,设置一个微小的增量,通过循环迭代,不断重复进行流域分割。只要流域分割的增量设置得足够小,就可以提取出各个汇流累积值下的小流域。其中,当对各个尺度所有的流域面处理完成后,经碎屑伪流域消除处理,再从终止阈值尺度下分割出的流域面中选择合适的流域,以此流域作为流域信息树的"根结点"。而后,对下一级相邻阈值下提取出来的所有流域面进行空间包含判断分析,利用父子信息结点的空间包含关系,同时结合流域面积大小、空间位置等,采用机器穷举提取和人工判别的方法,去掉流域信息树中的"伪结点",最后构建出完整的流域信息树。流域信息树的"伪结点"是指相邻尺度的流域面上,在空间上相互重叠且面积相等的那些树结点。

4.2.2 影响流域信息树构建的因素

对流域信息树构建产生影响的因子中,DEM数据质量和DEM空间分辨率是其最基本的影响因子。DEM分辨率是影响DEM对地表拟合质量的一个重要的因素,同时也指示了DEM刻画地形的准确程度,决定了相应数据的使用范围。分辨率数值越小,分辨率就越高,刻画的地形就越精确,同时数据量也呈几何级数增长(汤国安等,2005)。低分辨率的DEM由于在一定程度上省略了对地形的细节表达,地表的抽象程度较高,只能用于宏观、大尺度的分析中;而高分辨率的DEM

相应地提高了对地表细节的表达，但由于格网分辨率较小，数据量急增，在大范围的应用中，出现效率低下的问题。DEM分辨率的变化使得汇流坡度、径长发生变化，从而影响了水流在河网中的运移过程。DEM分辨率对流域特征提取结果的影响主要体现在栅格单元高程值的概化作用，在地形复杂的地区该作用表现得尤为突出(鲍伟佳等，2011)，而且DEM分辨率越低，这种情况越明显，从而影响到流域的分割和提取。如果DEM包含错误，将导致在提取河网时发生严重的错误(Lindsay，2006)，因而，数据本身的误差会直接导致流域信息树相关参数的计算结果的随机性和不稳定性。DEM数据作为一种对地球表面形状的直观表达模式，其栅格分辨率的大小对地形的表达具有深刻的影响。在研究中，我们对标准化生产的DEM数据本身的精度和生产DEM数据中误差的来源问题不进行具体讨论和研究，认为符合国家标准的DEM数据的质量是可信的(祝士杰，2013)。本节主要分析和研究DEM格网的分辨率对流域信息树构建的影响。

以1∶10000比例尺5 m分辨率DEM为初始数据源，利用ArcGIS中Python空间分析库里的Geoprocessor object编程对象，调用ArcToolbox中Resample工具Resample_management脚本API，采用可以较好保持原始地形的二次线性内插方法(李志林等，2003)，对绥德地区的小流域以5 m分辨率作为初始值，以10 m作为步长分别进行重采样，依次得到绥德地区分辨率从5 m到295 m的DEM数据。分别构建各个DEM分辨率尺度下的流域信息树，以探求和研究流域信息树对DEM分辨率的尺度依赖性。绥德地区各分辨率下的流域信息树的形态特征参数值散点图如图4.4所示。

从图4.4可以看出，不同DEM分辨率下，流域信息树的形态特征参数值随着分辨率的变化呈现出变动的状态。随着分辨率的扩大，流域信息树对应的形态结构参数复杂度β指数、连通度γ指数、层次梯度S指数、结点裂变V指数、结点裂变熵H指数和裂变结点百分比R指数都有变化，这是由于分辨率较高的DEM比分辨率低的DEM更容易细致地反映较小的流域面。同时，也可以发现不同的形态特征参数对DEM分辨率的敏感度是不一样的，H指数和R指数随着分辨率变化有较大幅度的变化，而β指数和γ指数的变化则不是特别明显，这主要是由于β指数和γ指数是由流域信息树的结点数和边数的简单数学关系决定的；对树形结构而言，边和结点差值是稳定的1，所以这两个参数对流域信息树形状变化的反应不是特别敏感。实验结果表明，DEM分辨率对于流域信息树的形态结构具有较大的影响，在对流域信息树的研究中应该使用较高分辨率的DEM数据，如5 m分辨率的数据，其他较大分辨率的数据只能在一些大尺度和宏观的研究中使用。

不确定性理论已被广泛应用于自然科学的诸多领域，不确定性是对事物属

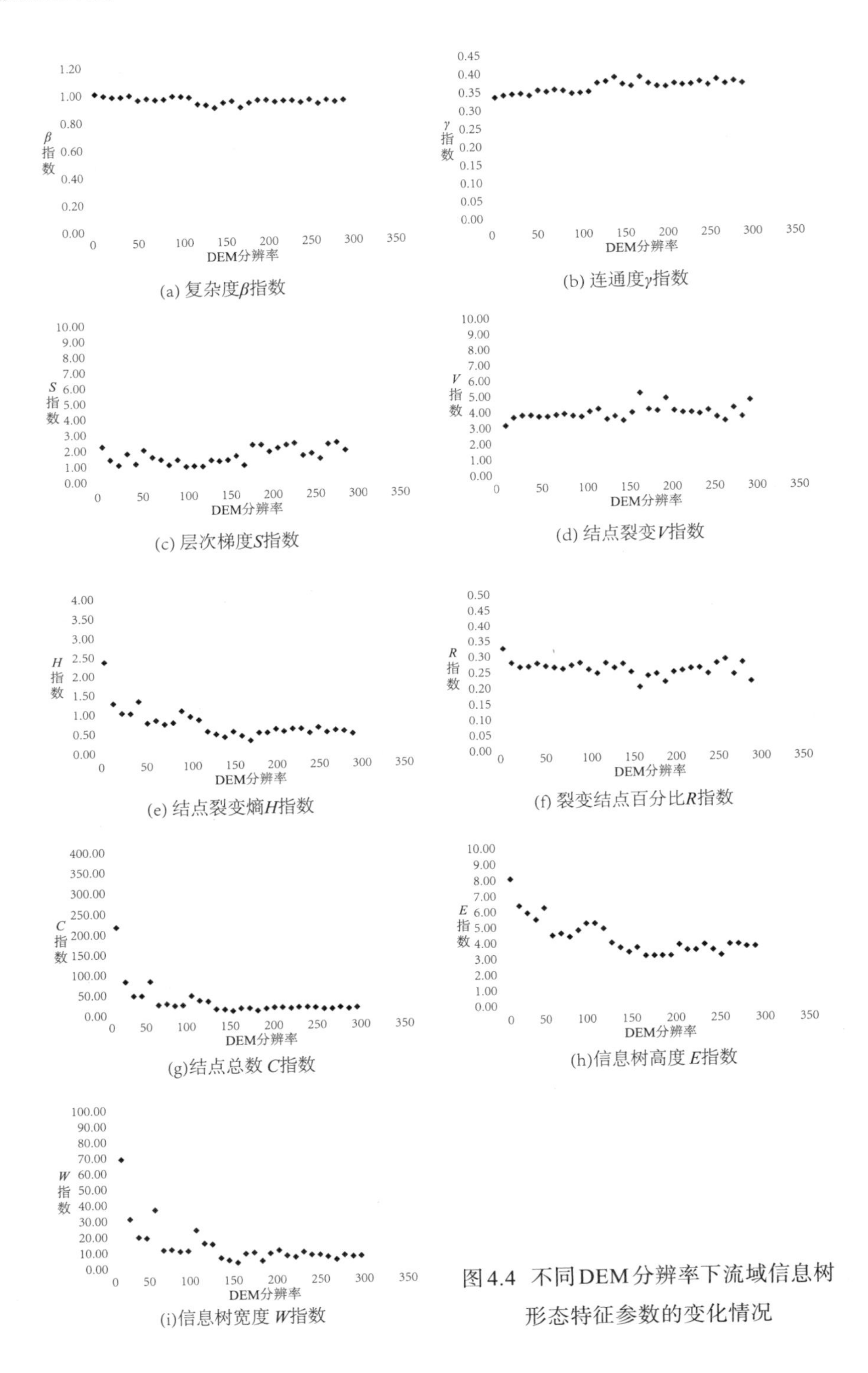

(a) 复杂度β指数　(b) 连通度γ指数

(c) 层次梯度S指数　(d) 结点裂变V指数

(e) 结点裂变熵H指数　(f) 裂变结点百分比R指数

(g)结点总数 C指数　(h)信息树高度 E指数

(i)信息树宽度 W指数

图4.4 不同DEM分辨率下流域信息树形态特征参数的变化情况

性真值认知的肯定性程度(Li et al., 2002；刘学军等, 2008；汤国安等, 2003)。流域信息树的不确定性一方面伴随着DEM数据而生,另一方面也产生于流域信息树构建的过程中。无论是通过地形图直接勾绘,还是利用数字地形分析技术通过DEM数据获取流域,都不可避免地包含了对客观世界描述的模糊性和不确定性问题,即提取出的各个层次的流域数据里包含了噪音。

4.3　流域信息树量化指标体系

4.3.1 量化指标构建原则

指标因子作为定量化研究的前提,既是进行系统性科学研究的基础,也是地学模型计量化的基石。自从Strahler(1952)利用面积——高程积分法将Davis(1899)提出的侵蚀循环理论定量化,将以往地貌学单纯的形态描述上升为数量解释,地理计量方法和地形因子研究得到了空前重视和发展。学者们从地貌发育特征(Davis, 1899；Lü et al., 2009；Tucker et al., 1998)、流域地貌数学模型(承继承等, 2000)、地形起伏形态特征(Lu et al., 2007；高玄彧, 2007；朱永清等, 2005)等角度所提出和构建的系统化的地学量化指标,在地理建模及流域地貌分析等领域,都取得了较好的应用。流域作为黄土高原地区最直观的流水侵蚀地貌景观之一,由流域及其多尺度组合的模型表达——流域信息树,它的形态特征和其所蕴涵的信息,必然是黄土高原地区流域地貌形态及发育演化信息的重要反映。发掘流域信息树所表征的地学意义,建立全方位、多视角的流域地貌量化因子体系,对于完善黄土流域地貌特征因子体系,揭示黄土地貌空间格局特征具有十分重要的意义。

对流域信息树进行量化表达,也要遵循自然认识的科学规律。首先,流域信息树是多尺度嵌套流域地理实体的基本表象。从整体上看,流域地貌系统是一个具有自相似、自组织特征的结构体,一个流域可以包含若干子流域,同时它本身又是更高级别流域中的一部分,而每个子流域又包含子流域,如此反复。这种嵌套式层次特性与树形结构非常相似。其次,在不同地貌类型区,流域内部的嵌套特征存在巨大差异,通过流域信息树特征指标量化对比,凸显出其差异,从而达到区分地貌类型的目的。

因此,我们要构建出内涵丰富的、灵敏的且便于度量的主导性因子作为流域信息树的核心因子。所有的流域信息树因子应能够从整体上全面系统地反映黄土高原地区流域的地貌形态及其空间分异特征。每一个因子应能反映黄土流域地貌形态或空间分异的某一方面信息且具有代表性。流域信息树量化因子应遵从地学意义鲜明、计算方便、特征明显的基本原则，在整体性、实用性、系统性、准确性原则的基础上，系统地通过多重视角来构建整个量化指标体系。基于上述原则，本研究分别从流域信息树的形态结构和结点属性信息两个角度，提出如表4.2所示流域信息树量化指标体系。

表4.2　流域信息树量化指标体系

因子类型	量化因子	计算公式	单位	备注	地学意义
形态结构指标	复杂度β指数	$\beta=\frac{m}{n}$	无	式中，m表示结点与结点的连线的数量；n表示流域信息树中结点的总数	反映潜在的侵蚀势能和地表切割深度破碎程度
	连通度γ指数	$\gamma=\frac{m}{3(n-2)}$	无	式中，m表示结点与结点的连线的数量；n表示流域信息树中结点的总数	反映潜在侵蚀势能和地表切割深度破碎程度
	层次梯度S指数	$S=\frac{\sum_{i=1}^{n-1}\left(l_{i+1}-l_i\right)}{n-1}$	无	式中，n表示流域信息整个流域信息树的层数；l_i表示流域信息树第i层的结点数	反映地表切割深度的变化
	结点裂变V指数	$V=\frac{\sum_{i=1}^{n}s_i}{n}$	无	式中，n表示流域信息树中产生裂变的结点数目；s_i表示所有产生裂变的结点中第i个结点裂变出的子结点数目	反映流域单元地表地势起伏的复杂程度
	结点裂变熵H指数	$H=-\sum_{i=1}^{n}\left(P(i)\times\lg P(i)\right)$	无	式中，n表示产生裂变的子结点总数量，不包括流域信息树的根结点；$P(i)$表示第i个结点裂变出子结点个数的概率	反映地貌潜在侵蚀势能、沟沿线发育和地表被切割的程度
	裂变结点百分比R指数	$R=\frac{m}{n}$	无	式中，m表示整个流域信息树中产生裂变的结点数目；n表示整个流域信息树中所有信息结点的总数	反映流域单元地表地势起伏的复杂程度
	结点总数C指数		个	结点总数C指数是指整个流域信息树中结点的总个数	反映流域地貌演化特征和地表被切割的程度
	信息树高度E指数		层	信息树高度E指数是指流域信息树的层数	反映流域地貌演化特征、沟谷深度
	信息树宽度W指数		个	信息树宽度W指数是指流域信息树中所含结点个数最多的那一层的结点数	反映流域地貌演化特征

（续表）

因子类型	量化因子	计算公式	单位	备注	地学意义
结点属性	圆度系数C	$C=\frac{4\pi A}{L^2}$	无	式中，C表示圆度系数，A表示流域面积，L表示流域周长	反映流域的形状
信息指标	紧度系数值T	$T=\frac{0.282L}{\sqrt{A}}$	无	式中，T表示紧度系数值，A表示流域面积，L表示流域周长	反映流域的形状

4.3.2 形态结构指数及其算法

(1) β指数与γ指数

复杂度β指数是图论中用来衡量“图”的复杂程度的指标，因为“树”是“图”的一种特殊情况，故β指数也可应用于度量流域信息树的复杂程度。复杂度β指数是指流域信息树内每一个结点的平均连线数目，也称为线点率(徐建华，2006)。它是关于流域信息树复杂程度的简单度量；流域信息树的复杂性增加，则β值增大。计算公式如下：

$$\beta=\frac{m}{n} \tag{4.1}$$

式中，m表示结点与结点的连线的数量；n表示流域信息树中所有结点的总数。如图4.5所示，其复杂度β指数为β=13/14=0.929。

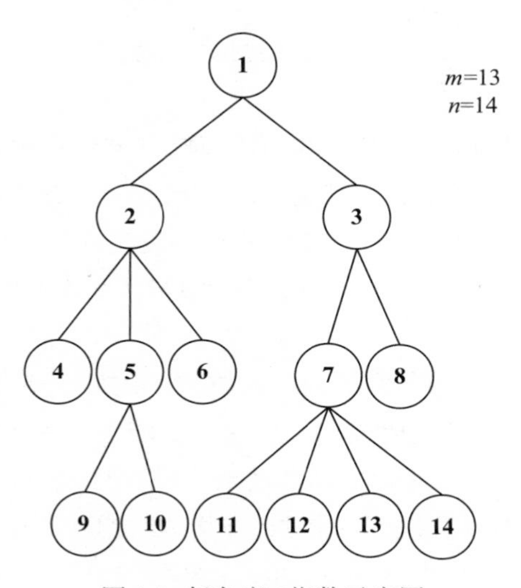

图4.5　复杂度β指数示意图

连通度γ指数是图论中用来度量“图”的连通性指标，这里用它来测度流域信息树的连通性(徐建华，2006)。它是流域信息树连线的实际数目与连线可能存在的最大数目之间的比率，其数值变化范围为[0, 1]。$\gamma=0$，表示信息树内无连线，只有孤立点存在；$\gamma=1$，则表示信息树内每一个结点都存在与其他结点相连的连线。连通度γ指数的计算公式如下：

$$\gamma=\frac{m}{3(n-2)} \tag{4.2}$$

式中，m表示结点与结点的连线的数量；n表示流域信息树中所有结点的总数。如图4.6所示，其连通度γ指数为$\gamma=\frac{13}{3\times(14-2)}=0.361$。

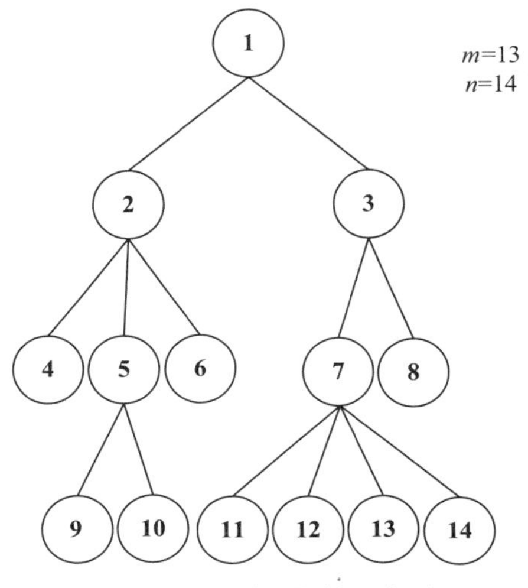

图4.6 连通度γ指数示意图

复杂度β指数和连通度γ指数不仅可以反映流域信息树结点和连线数量的规模和复杂程度，还可以反映和定量化流域地貌系统的发育和侵蚀的复杂程度。分别以黄土梁峁状丘陵沟壑区与黄土长梁残塬丘陵沟壑区的代表地区延川和宜君的两个面积相近的小流域为例，计算其复杂度β指数和连通度γ指数，结果如图4.7所示。

从图4.7可以看出，延川与宜君地区流域的β指数与γ指数具有显著差异。为了进一步分析β指数与γ指数所表达和反映的流域地貌系统信息，我们从北到南以神木、绥德、延川等6个地区的样本为基础，分别计算这两个指数和其他地形因子间的相互关系。通过计算发现，β指数、γ指数与沟谷深度G(张磊，2013)、地表切割深度D(张晖等，2009；贾兴利等，2012；张磊，2013)具有较强的相关关系，结果如表4.3所示。

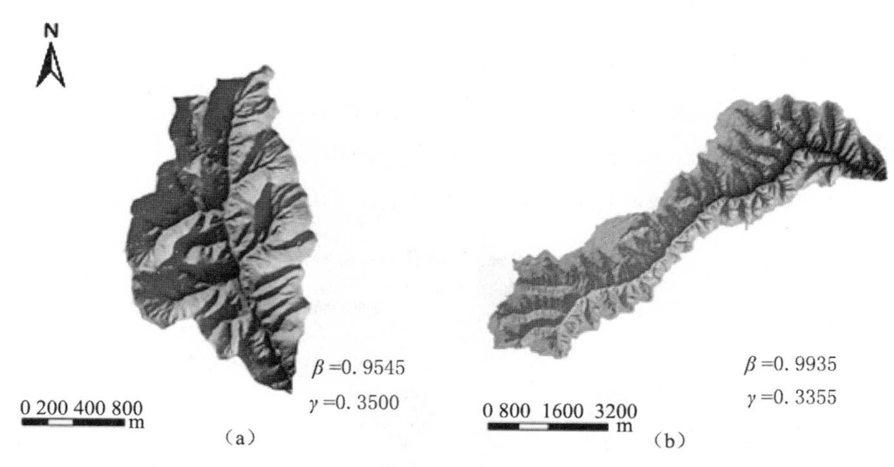

图4.7 (a)延川与(b)宜君地区流域β指数与γ指数对比图

表4.3 β指数、γ指数与沟谷深度G、地表切割深度D间的相关系数表

		沟谷深度 G	地表切割深度 D
β指数	Pearson Correlation	0.674	0.685
	Sig.(2-tailed)	0.000**	0.000**
γ指数	Pearson Correlation	−0.610	−0.649
	Sig.(2-tailed)	0.000**	0.000**

注：** 表示相关性显著程度在 0.01 置信水平。

由表4.3可以看出，复杂度β指数、连通度γ指数与沟谷深度 G、地表切割深度 D 有较大相关性。复杂度β指数分别与沟谷深度 G、地表切割深度 D 呈显著的正相关关系；连通度γ指数分别与沟谷深度 G、地表切割深度 D 呈显著的负相关关系。由此可以看出，一个流域中，流域信息树的复杂度β指数越大，则连通度γ指数越小，沟谷的深度越深，地表被切割的程度越大，地表坡面的倾斜程度越大，其潜在的势能越大，越不稳定，被侵蚀的程度越强烈。流域信息树的β指数和γ指数在一定程度上能够反映流域地貌系统的某些特征，沟谷深度和地表切割深度越高，流域信息树的复杂度β指数越高、连通度γ指数越低，它们在一定程度上反映了地表被切割的程度和潜在的侵蚀势能。

(2) R 指数、V 指数和 S 指数

裂变结点百分比 R 指数是指整个流域信息树中产生裂变的结点数与流域信息树中所有结点数目的比值，反映了流域信息树信息结点的裂变率。其数学表达式如下：

$$R = \frac{m}{n} \tag{4.3}$$

式中,m表示整个流域信息树中产生裂变的结点数目；n表示整个流域信息树中所有信息结点的总数。如图4.8所示,流域信息树共有14个结点,其中有5个产生裂变的结点,则其裂变结点百分比R指数为$R = \frac{5}{14} = 0.357$。

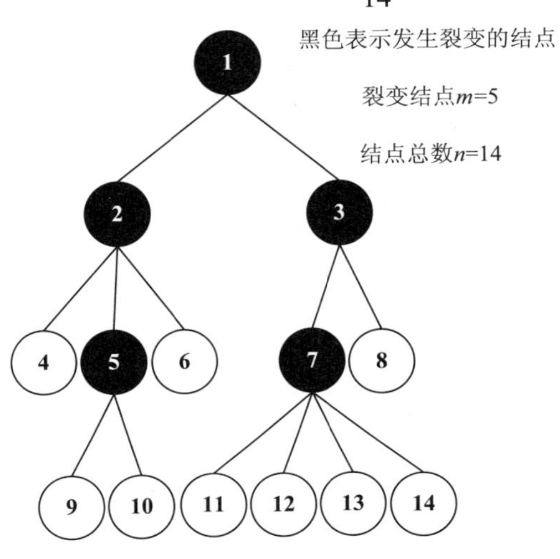

图4.8 裂变结点百分比R指数

结点裂变V指数是指流域信息树中每个裂变信息结点裂变出的子结点数目的平均值,其计算公式如下：

$$V = \frac{\sum_{i=1}^{n} s_i}{n} \tag{4.4}$$

式中,n表示流域信息树中产生裂变结点的数目；s_i表示所有产生裂变的结点中第i个结点裂变出的子结点数目。如图4.9所示,信息树有5个产生裂变的结点,则其结点裂变V指数为$V = \frac{2+3+2+2+4}{5} = 2.600$。

层次梯度S指数是指整个流域信息树中子层与父层信息结点数量差值的平均数,用来反映各层信息结点数目的扩张生长的变化率,其值越大,表示流域信息树子树每一层扩张的速度越快。层次梯度S指数的计算公式如下：

$$S = \frac{\sum_{i=1}^{n-1} \left(l_{i+1} - l_i\right)}{n-1} \tag{4.5}$$

式中，n表示整个流域信息树总层数；l_i表示流域信息树第i层的结点数。如图4.10所示，其层次梯度S指数为$S=\frac{(2-1)+(5-2)+(6-5)}{4-1}=1.667$。

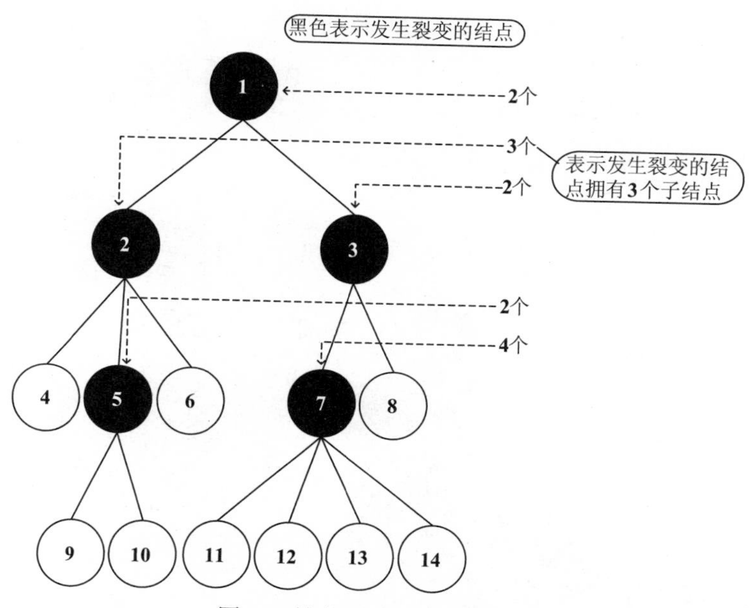

图4.9　结点裂变V指数示意图

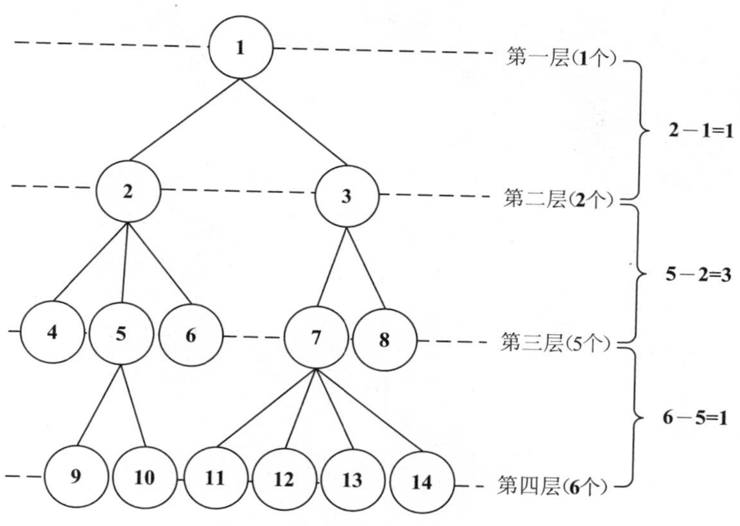

图4.10　层次梯度S指数示意图

为了能够直观地理解流域信息树的R指数、V指数和S指数三个形态结构指标在黄土高原地区的空间变异特征，我们以神木、绥德、延川等6个地区5 m分辨率DEM数据提取的流域信息树样本为基础，分别计算出这3个指数，并按照空间位置展绘于研究样区HillShade晕渲图上，结果如图4.11所示。从图4.11上的R指数、V指数和S指数可以看出，R指数除延川外，从北向南呈现逐渐降低的趋势；V指数除绥德、延川以外，从北向南呈现出逐渐增大的趋势；S指数从北向南没有表现出明显的递增或递减的规律。

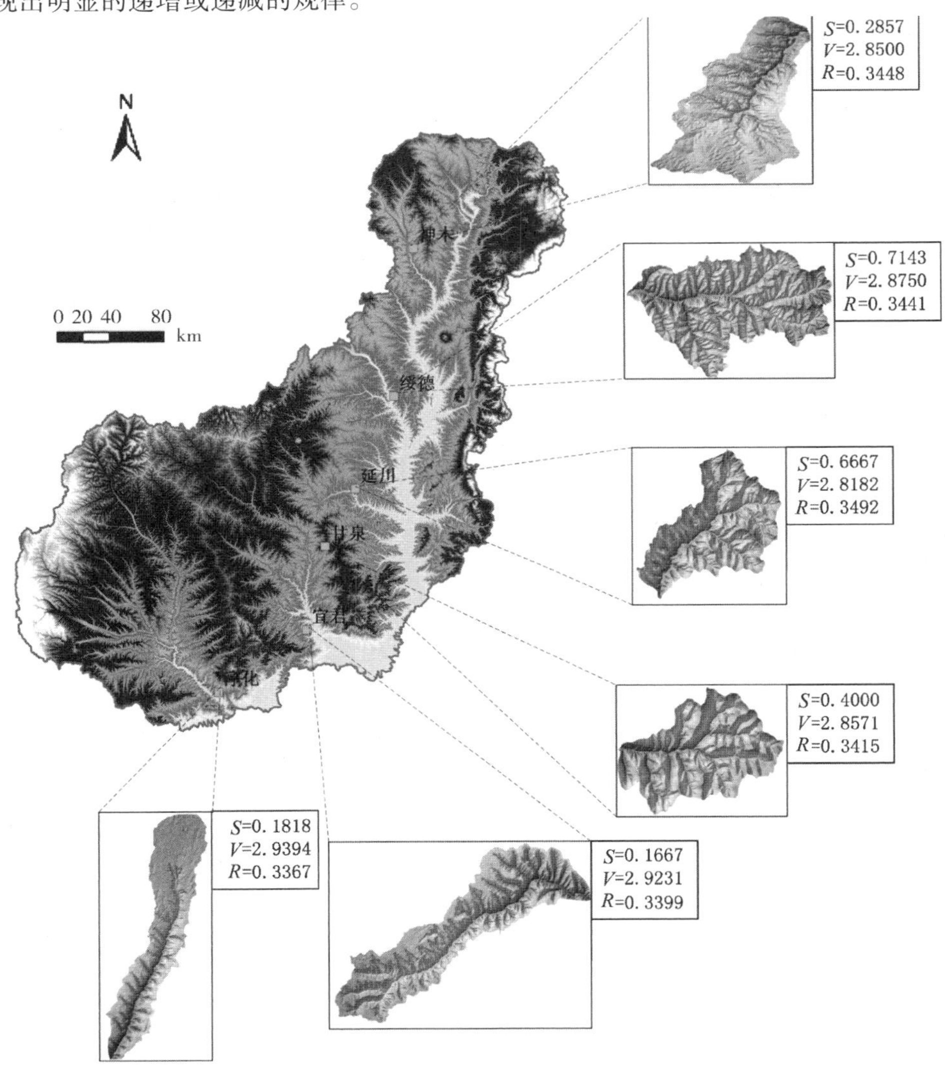

图4.11 不同空间位置6个典型样区小流域S、V和R指数值

结点裂变V指数与裂变结点百分比R指数具有较强的负相关性，所以在研究中将这两个指标结合在一起考虑。从图4.12可以看出，神木与延川地区的R指数差别较大，R指数较小的延川地区的地形起伏程度明显要大于R指数较大的神木地区。从图4.13也可以看出，延川与宜君地区流域的V指数差别很大，V指数较小的延川地区的地形起伏程度明显要大于V指数较大的宜君地区。

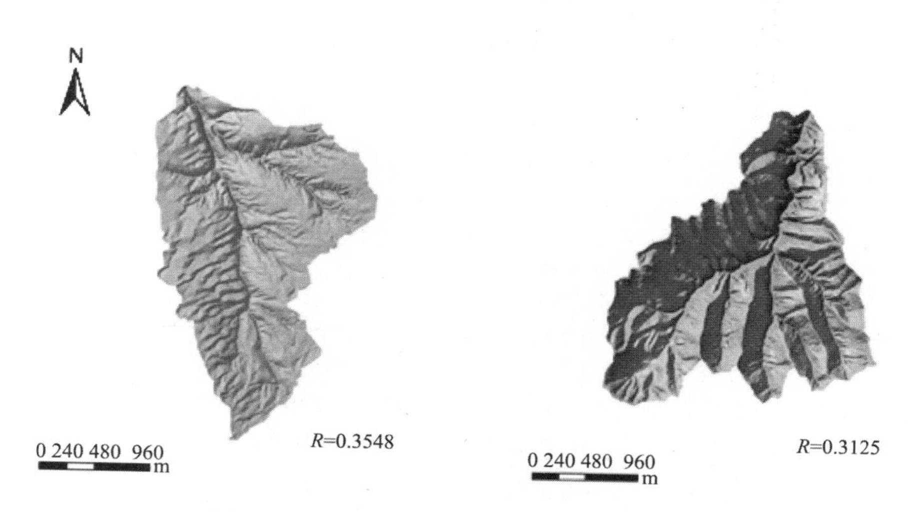

图4.12 神木(左)与延川(右)地区流域R指数对比图

图4.13 延川(左)与宜君(右)地区流域V指数对比图

通过将神木、绥德、延川等6个地区的地表粗糙度(张晖等，2009；张磊，2013)去极值后与V和R指数进行相关性分析，结果见表4.4。从表4.4可以看出，V指数与地表粗糙度呈正相关，而R指数与其呈负相关，这说明流域信息树中每一个结点平均可裂变的分结点越多，地表粗糙程度越大，地表单元的地势起伏的复杂程度越高，而单位面积的裂变信息结点越多，地表的粗糙程度越小，地形也相对更平坦。

表4.4　V指数、R指数与地表粗糙度R间的相关系数表

		地表粗糙度R
V指数	Pearson Correlation	0.415
	Sig.(2-tailed)	0.028*
R指数	Pearson Correlation	–0.470
	Sig.(2-tailed)	0.012*

注：* 表示相关性显著程度在0.05置信水平。

将6个地区的地表切割深度去极值后与S指数进行相关性分析，计算结果显示S指数与地表切割深度D的相关系数为0.422，可知S指数在一定程度上反映了地表切割深度的变化。图4.14为绥德与神木两地S指数对比图。

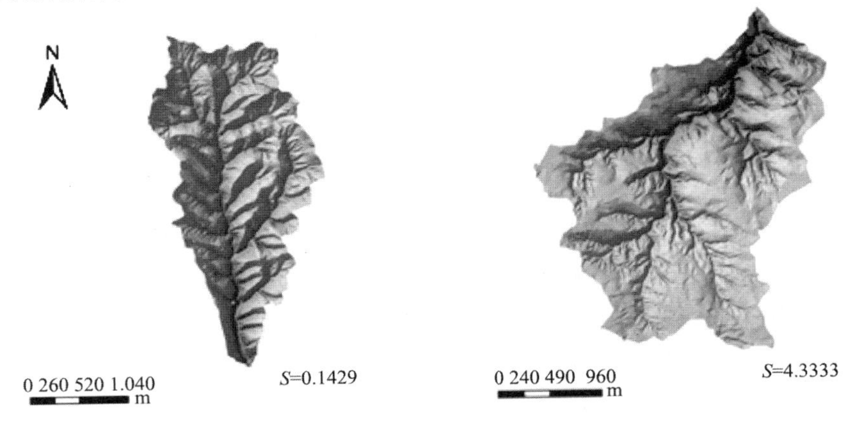

图4.14　绥德(左)与神木(右)地区流域S指数对比图

(3) H指数

结点裂变熵H指数是指流域信息树中每个信息结点裂变的子结点个数的概率之和，其概率值是每个信息结点裂变出的子结点个数与总子结点个数(流域信息树总结点数–1)的比值。计算公式如下：

$$H = \sum_{i=1}^{n}\left(P(i)\times \lg\left(\frac{1}{P(i)}\right)\right) = -\sum_{i=1}^{n}\left(P(i)\times \lg P(i)\right) \tag{4.6}$$

式中，n表示产生裂变的总子结点数量，不包括流域信息树的根结点；$P(i)$表示第i个结点裂变出子结点个数的概率。如图4.15所示，流域信息树产生裂变的点有5个，共有13个裂变出的子结点，每个结点裂变出子结点个数的概率为：

$$P(1)=\frac{2}{13},\ P(2)=\frac{3}{13},\ P(3)=\frac{2}{13},\ P(4)=0,\ P(5)=\frac{2}{13},\ \ldots,\ P(14)=0$$

则信息树的结点裂变熵H指数为：

$$H=\frac{2}{13}\times\lg\frac{13}{2}+\frac{3}{13}\times\lg\frac{13}{3}+\frac{2}{13}\times\lg\frac{13}{2}+\frac{2}{13}\times\lg\frac{13}{2}+\frac{4}{13}\times\lg\frac{13}{4}=0.650$$

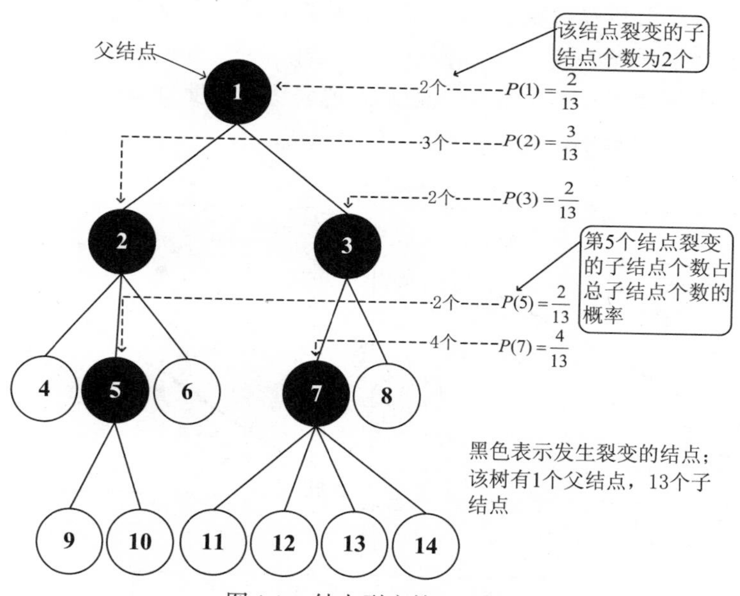

图4.15　结点裂变熵H指数

结点裂变熵H指数是反映流域信息树所包含信息量的定量指标。为了研究H指数所表达和反映的地形地貌信息，以神木、绥德、延川等6个地区的样本为基础，计算H指数和其他地形因子间的相互关系，结果如表4.5所示。

表4.5　H指数与沟谷深度G、深切度D、割裂度Sd间的相关系数表

		沟谷深度G	地表切割深度D	割裂度Sd
H指数	Pearson Correlation	0.741**	0.757**	−0.459**
	Sig.(2-tailed)	0.000	0.000	0.008

注：** 表示相关性显著程度在 0.01 置信水平。

沟谷深度G是指流域内沟谷的最高点与最低点的高程差,它是一个反映流域地貌特征的重要指标。流域的沟谷深度值越大,表明其潜在的势能越大,侵蚀也越强烈,越不稳定。流域的地表切割深度D是在指定尺度流域的分析区域内所有栅格的平均高程与最小高程值的差值,其在一定程度上反映了地表被切割的程度(张磊,2013)。割裂度Sd反映了沟沿线在水平方向上的发育程度,它的动态变化反映出沟沿线不断扩展,沟谷面积逐步变大,地貌不断发育的情况;割裂度越大,沟沿线离流域分水线越近,溯源侵蚀和侧蚀的程度越强(张磊等,2012)。从表4.5可以发现,H指数与沟谷深度G和地表切割深度D具有较强的正相关关系,与割裂度Sd呈负相关关系。

为了进一步分析H指数与沟谷深度G、地表切割深度D和割裂度Sd所表达及反映的流域地貌系统信息,从北到南以神木、绥德、延川等6个地区的样本为基础,分别绘制结点裂变熵H指数与沟谷深度G、地表切割深度D和割裂度Sd地形因子间的散点关系图(图4.16)。

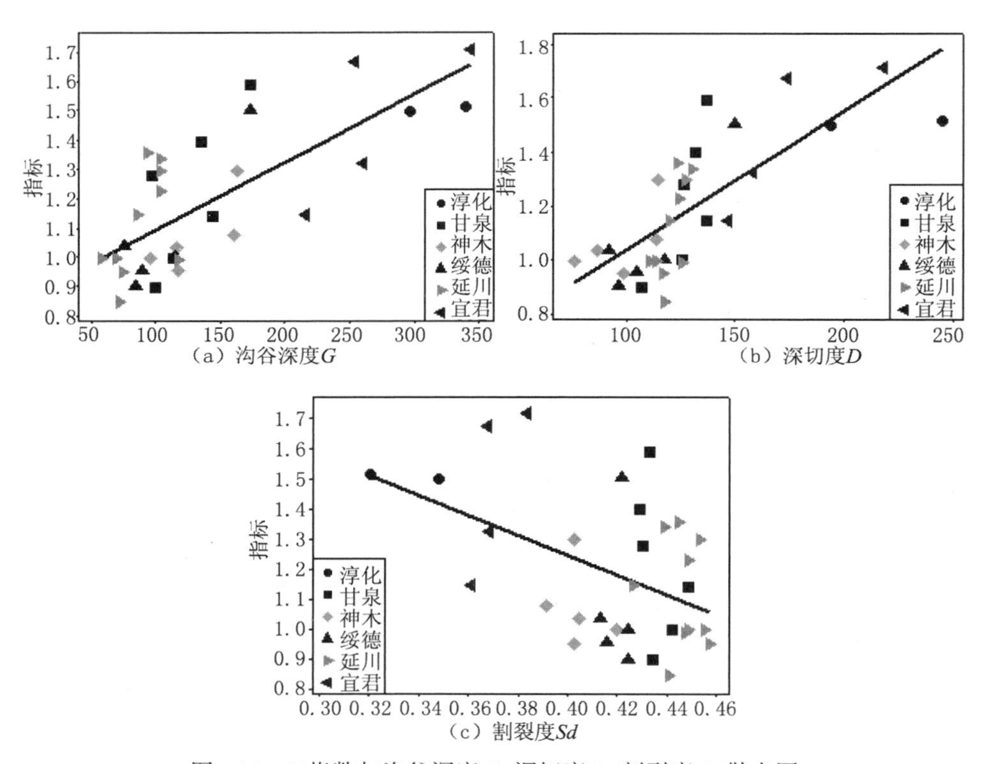

图4.16 H指数与沟谷深度G、深切度D、割裂度Sd散点图

从图4.16中可以看出，结点裂变熵H指数随着沟谷深度G、深切度D的增大，呈现递增趋势；随着割裂度Sd的增大，呈递减趋势。沟谷深度G和深切度D越大，结点裂变熵H指数越大，流域沟谷地貌所占面积大，沟谷越深，其潜在的势能越大，越不稳定，在垂直方向上流水的侵蚀程度越大；割裂度Sd越大，沟沿线在水平方向的发育程度越大，但结点裂变熵H指数的值却越来越小。

(4) C指数、E指数和W指数

结点总数C指数是指整个流域信息树中结点的总个数。如图4.17所示，整个流域信息树中总结点数为14，即指数C=14。

信息树高度E指数是指流域信息树的层数。如图4.18所示，整个流域信息树共四层，可得到信息树高度E=4。

信息树宽度W指数是指流域信息树中所含结点个数最多的那一层的结点数。如图4.19所示，整个流域信息树共计四层，其中第四层含有6个结点，为四层中结点个数最多的一层，则第四层结点个数作为信息树宽度，即W=6。

流域信息树的结点总数C指数、高度E指数和宽度W指数是流域信息树基础的形状结构指标，但是它们可以反映流域的很多特征。表4.6是以神木、绥德、延川等6个地区的样本为例，计算C指数、W指数和E指数与沟谷深度G、深切度D及割裂度Sd等地形因子间的相关系数。

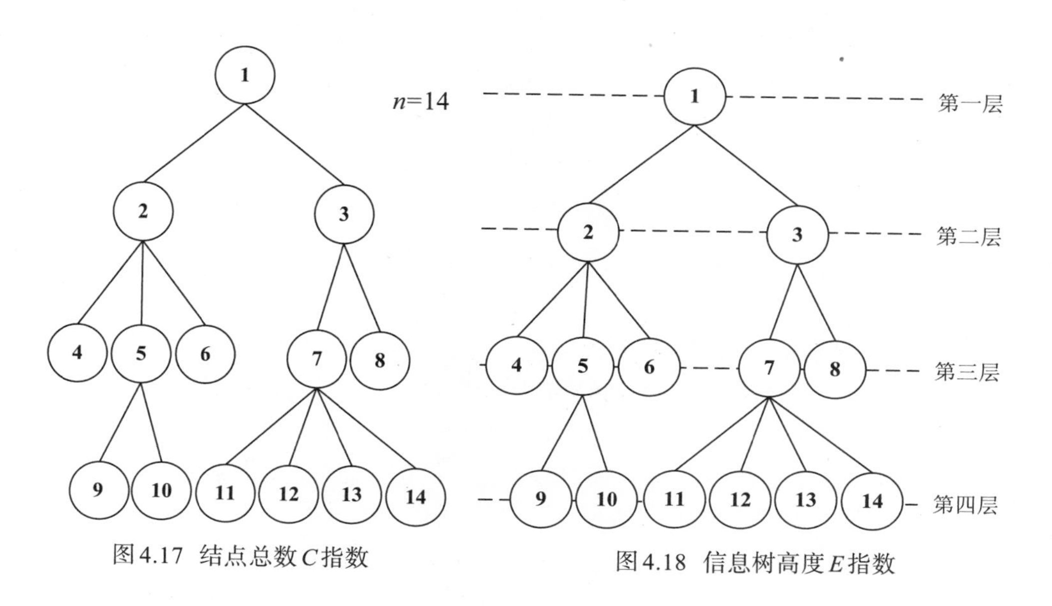

图4.17　结点总数C指数　　图4.18　信息树高度E指数

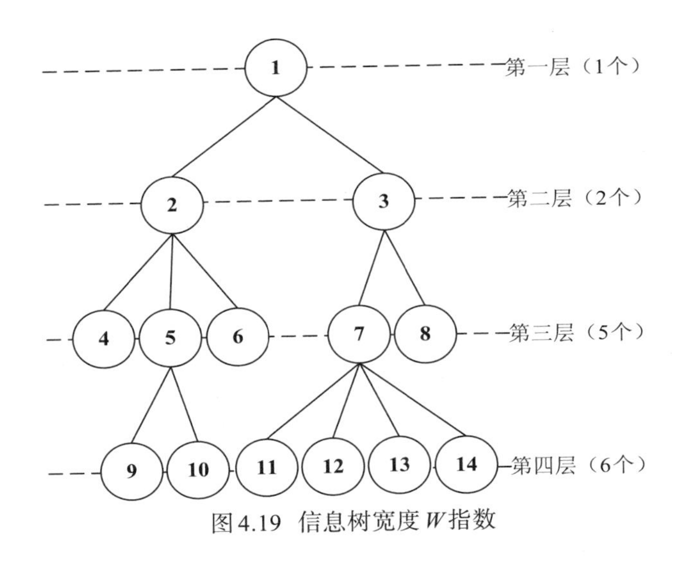

图4.19 信息树宽度 W 指数

表4.6 C 指数、W 指数和 E 指数与沟谷深度 G、深切度 D 及割裂度 Sd 间的相关系数表

		沟谷深度 G	深切度 D	割裂度 Sd
C 指数	Pearson Correlation	0.777**	0.788**	−0.469**
	Sig.（2-tailed）	0.000	0.000	0.007
E 指数	Pearson Correlation	0.786**	0.752**	−0.573**
	Sig.（2-tailed）	0.000	0.000	0.001
W 指数	Pearson Correlation	0.531*	0.591**	−0.273
	Sig.（2-tailed）	0.002	0.000	0.130

注：* 表示相关性显著程度在 0.05 置信水平；** 表示相关性显著程度在 0.01 置信水平。

由表4.6可以看出，结点总数 C 指数、高度 E 指数和宽度 W 指数与沟谷深度 G、深切度 D 间有较大相关性，呈显著正相关；与割裂度 Sd 呈负相关关系。

(5)形态结构指标间相关性分析

虽然流域信息树各形态结构指标在语义概念、计算方法等方面均有明显的差异，但各指标之间并不是绝对独立的。从辩证法的角度来讲，事物的联系既是普遍的，又是客观存在的。那么，在面对基于流域信息树的形态结构指标分析时，如何分析并挖掘指标之间的相关程度？如何选取有效的形态结构指标？如何区分不同形态结构指标所描述的地理对象的侧重点？这些都是流域信息树形态结构指标相关性分析需重点关注的问题。虽然在各形态结构指标构建的过程中，我们尽量做到从不同角度对流域信息树的形态结构指标进行刻画，但由于各因子的侧重性存在较大差异,流域地貌系统本身具有复杂性和多样性,我们对形态结构指标的描述势必也会存在许多问题和不足之处。因此,本节以黄土高原流水侵蚀严重的核心区域作为研究样区,在样区内15种不同黄土地貌类型区分别构建流域信息树并计算各形态结构指标因子,选取135个样本利用SPSS软件进行指标相关性分析研究。图4.20是15种黄土地貌类型区中流域信息树的9个形态指标间相互关系的散点图。

从图4.20中可以看出,β指数与γ指数、γ指数与H指数、V指数与R指数、β指数与H指数之间关系密切,而其他指标相互之间的相关性不显著。为了进一步定量地分析各指标间的相关性,对以上9个指标进行相关系数计算并检验其显著性,结果如表4.7所示。

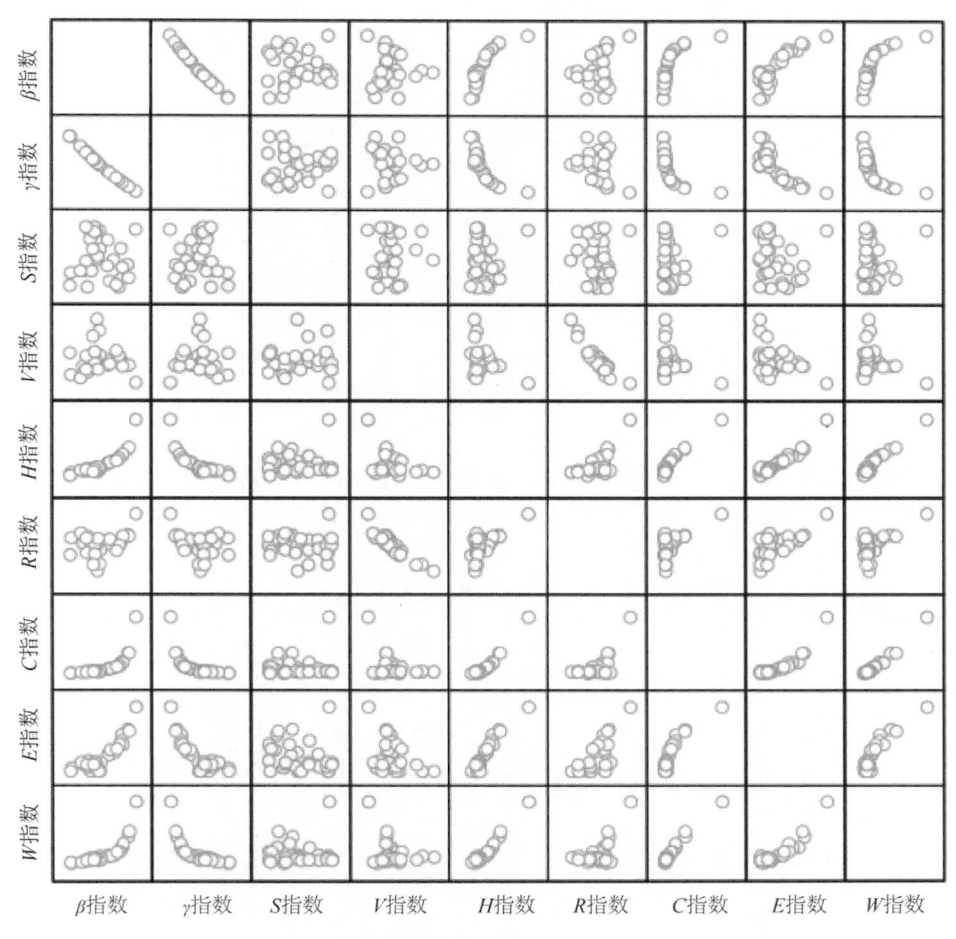

图4.20　形态结构指标间相互关系散点图

表4.7　各形态结构指标间相关系数与显著性检验表

		β指数	γ指数	S指数	V指数	H指数	R指数	C指数	E指数	W指数
β指数	Pearson Correlation	1	−0.997**	−0.047	−0.100	0.850**	0.410*	0.712**	0.868**	0.780**
	Sig.（2-tailed）		0.000	0.805	0.600	0.000	0.024	0.000	0.000	0.000
γ指数	Pearson Correlation	−0.997**	1	0.021	0.053	−0.815**	−0.363*	−0.670**	−0.831**	−0.742**
	Sig.（2-tailed）	0.000		0.914	0.779	0.000	0.048	0.000	0.000	0.000
S指数	Pearson Correlation	−0.047	0.021	1	0.100	0.024	−0.082	0.099	−0.147	0.071
	Sig.（2-tailed）	0.805	0.914		0.600	0.900	0.667	0.602	0.438	0.710
V指数	Pearson Correlation	−0.100	0.053	0.100	1	−0.400*	−0.927**	−0.359	−0.404*	−0.304
	Sig.（2-tailed）	0.600	0.779	0.600		0.028	0.000	0.051	0.027	0.102
H指数	Pearson Correlation	0.850**	−0.815**	0.024	−0.400*	1	0.686**	0.965**	0.955**	0.975**
	Sig.（2-tailed）	0.000	0.000	0.900	0.028		0.000	0.000	0.000	0.000
R指数	Pearson Correlation	0.410*	−0.363*	−0.082	−0.927**	0.686**	1	0.632**	0.674**	0.595**
	Sig.（2-tailed）	0.024	0.048	0.667	0.000	0.000		0.000	0.000	0.001
C指数	Pearson Correlation	0.712**	−0.670**	0.099	−0.359	0.965**	0.632**	1	0.886**	0.986**
	Sig.（2-tailed）	0.000	0.000	0.602	0.051	0.000	0.000		0.000	0.000
E指数	Pearson Correlation	0.868**	−0.831**	−0.147	−0.404*	0.955**	0.674**	0.886**	1	0.904**
	Sig.（2-tailed）	0.000	0.000	0.438	0.027	0.000	0.000	0.000		0.000
W指数	Pearson Correlation	0.780**	−0.742**	0.071	−0.304	0.975**	0.595**	0.986**	0.904**	1
	Sig.（2-tailed）	0.000	0.000	0.710	0.102	0.000	0.001	0.000	0.000	

注：** 表示相关性显著程度在 0.01 置信度水平；* 表示相关性显著程度在 0.05 置信度水平。

通过表4.7可以看出，β指数与γ指数、γ指数与H指数、V指数与R指数以及β指数与H指数之间，相关系数的绝对值都大于0.600，且显著性水平P值均小于0.010，说明这几对形态结构指标间具有显著的相关性。其中，β指数与γ指数、γ指数与H指数、V指数与R指数呈负相关；β指数与H指数呈正相关。此外，β指数与γ指数之间相关系数的绝对值甚至高达0.996，表明两者关系非常密切。而V指数与H指数、R指数与H指数之间，相关系数较小，均在0.200以内，这表明V指数与H指数、R指数与H指数之间关系不密切，相互影响不大。

4.3.3 结点属性信息指数及其算法

结点是流域信息树中某一级别与某一层次流域对象的抽象表达，是流域信息树宏观骨架的关键。在结点中，我们可以无缝地融合其所代表流域的各种参数指标内容，结点内的具体属性值即为流域面所包含区域各种参数的信息量化指标。结点属性信息量化指标由流域整体特征、流域形态特征、流域地貌发育特征和其他关键特征等各方面的流域量化指标构成。

流域的形状常用圆度系数和紧度系数来度量。流域圆度系数为流域的面积与流域等周长圆的参考面积之比(陆中臣等, 1991)，其数学表达式为：

$$C=\frac{4\pi A}{L^2} \tag{4.7}$$

式中，C表示圆度系数，A表示流域面积，L表示流域周长。

流域紧度系数表示流域实际周长L与具有等面积圆的周长L'之比，用来描述流域形态的紧度(陆中臣等, 1991)，其数学表达式为：

$$T=\frac{0.282\ L}{\sqrt{A}} \tag{4.7}$$

式中，T表示紧度系数值，A表示流域面积，L表示流域周长。

圆度系数和紧度系数都是标定流域形状的常用指标。对圆度系数而言，C值越接近于1，表明流域的形状越接近于圆形；C值越接近于0，表明流域的形状越狭长。对紧度系数而言，如果流域为标准圆时，它的流域紧度系数T=1，正方形的紧度系数T=1.128，最长的流域T值可以超过3。可作为流域信息树结点属性信息量化指标的部分参数如表4.8所示。

表4.8　可作为流域信息树结点属性信息的量化指标

特征描述	可用指标	分析目标
整体特征	流域面积、流域周长、河网密度、地形粗糙度、平均坡度、平均起伏度等	从全局的角度描述流域的特征
流域形态特征	流域紧度系数、流域圆度系数、流域狭长度、流域不对称系数等	描述流域形态的特征参数
地貌发育特征	蚕食度、逼近度、成熟度等	描述流域发育程度的参数
其他关键特征	流域内关键特征点、线、面等	描述流域的其他关键地形特征

4.4　小　结

流域是流域地貌系统研究中一个非常重要的内容。本章首先提出流域信息树的概念模型；其次，研究了流域信息树的地学含义、基本特征与性质；而后，研究了流域信息树构建的流程；最后，研究了流域信息树的量化指标体系、影响因素和不确定性等内容。通过研究发现，流域信息树蕴含了整个流域地形的全局信息，它的信息结点之间的层次递进结构是对流域地形结构的宏观表达和综合反映，能够将流域分析对象从单一尺度的流域面扩展到多尺度的树，在整体上分析流域地貌的基本特征，在宏观框架中审视多个尺度流域地貌的多侧面特征，联系起不同尺度嵌套流域间的相互关系，因此具有整体性、层次结构性、信息容量可变性、可度量性等特征。流域信息树的量化指标是对流域地貌系统的多侧面多角度定量描述，它是流域地貌分析的有力工具，是新的定量描述和认识流域地貌系统的研究方法和分析手段。

第5章　基于流域信息树的黄土流域地貌形态特征研究

本章以流域信息树理论为基础，首先，利用分形理论中的计盒维数方法从北到南对神木、绥德等6个地区的流域结构进行了自相似研究；其次，利用流域信息树的结点属性信息研究了黄土高原地区各个尺度流域间的形状关系；而后，利用流域信息树的形态结构指标，对黄土高原重点水土流失区进行了地貌类型区划分的研究。

5.1　流域结构自相似分析

5.1.1 流域结构自相似与分形

流域地貌系统是由具有一定序列结构且在空间分布上相互联系的流域组成的动态系统。从整体上看，一个流域可以包含若干子流域，同时它本身又是更高级别的流域中的一部分。这种嵌套特性在相当程度上体现了流域的自相似、自组织特征，如图5.1所示。本节以流域信息树的分形为基础，研究流域结构的多尺度自相似特征。

自相似是指事物的组成部分以某种方式与整体相似，是指一类混乱但其局部与整体却具有相似结构的物质的特性。它反映了自然界中很广泛的一类物质的一种基本属性：局部与局部、局部与整体在形态、结构、功能和信息等方面具有统计意义上的自相似性(Peitgen et al., 2004；朱华等, 2011)。定量描述这种自相似性的参数称为“分维数”或简称“分维”。由于自相似性普遍存在于客观的自然和社会领域，因而分形理论自Mandelbrot创立以来已广泛运用到地学、生物、物理、化学、材料工程、计算机科学和医学等领域(成秋明, 2000；蒋东翔等, 1996；李后强等, 1992；马克明等, 2000；杨书申等, 2006；朱华等, 2011)。分形科学是非线性科学的主要分支之一，它在自然科学各个学科中，甚至在经济和社会活动中，都有着广

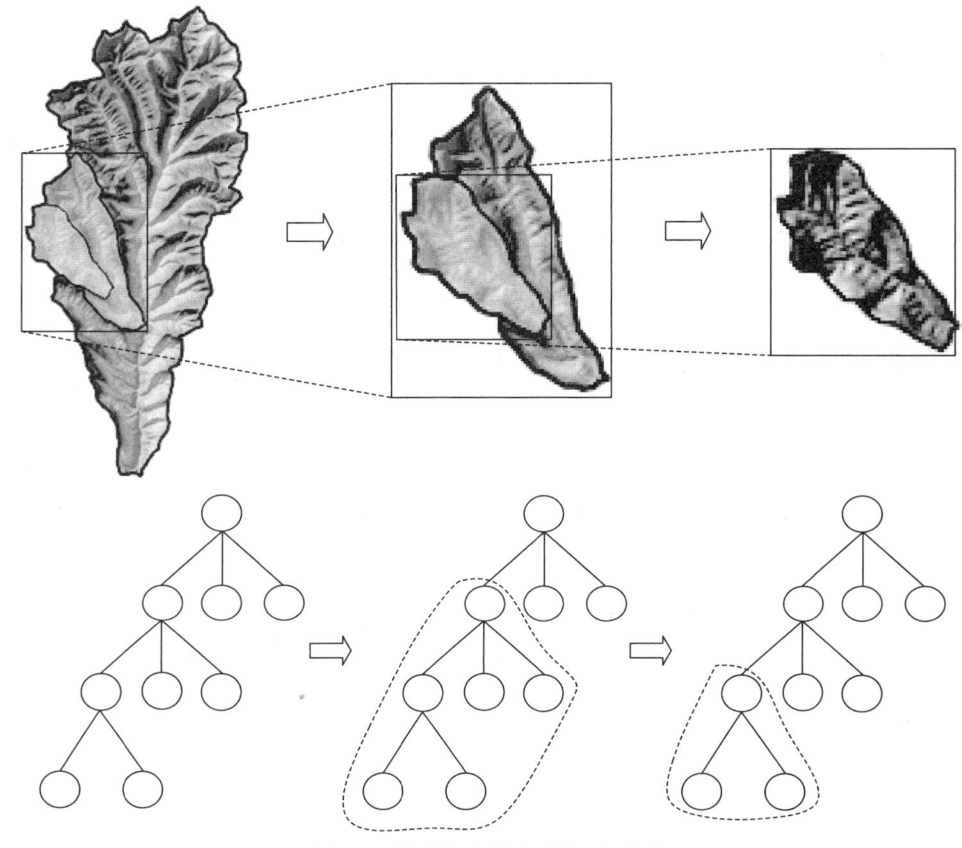

图5.1 流域信息树自相似示意图

泛的应用。分形维数是描述分形的特征量,是刻画分形体复杂结构的主要工具。它是描述自然界和非线性系统中不光滑和不规则几何体的有效工具,已经有多种计算方法,是分形几何理论中最重要的基本概念之一。关于分形维数的定义,主要包括Hausdorff维数、信息维数、关联维数、计盒维数、相似维数等(Peitgen等,2004;木上淳,2004;张济忠,2011;朱华等,2011)。在众多计算分形维数的方法中,计盒维数概念比较清晰,计算相对简单,因此计盒维数方法得到了广泛的应用。

许多地理现象具有标度不变的特征,这些现象的频度和大小之间的分布具有尺度不变性。分形的特点要求大于和等于某一尺度的数目或数,与物体大小之间存在幂函数关系。计盒维数方法中,设$A\subset R^n$是一个非空集合,在欧式距离下,用边长为r的小盒子紧邻地去包含A,$N(r)$表示边长为r的小盒子所包含A的个数。计盒维数表征的是相同形状的小集合覆盖一个集合的效率(宋萍等,2004;朱华等，2011)，其计算公式如下：

$$D = \lim_{\varepsilon \to 0} \frac{\ln N(r)}{-\ln(r)} \tag{5.1}$$

式中，D为计盒维数，r为覆盖方格的边长，$N(r)$为对应于划分尺度的盒子覆盖的信息结点数。对二维平面上的集合，计盒维数的计算方法是：逐渐增大r，分别计算出相应的$N(r)$，得到数据对$(-\ln(r), \ln N(r))$，再利用最小二乘法回归求出计盒维数D。

5.1.2 基于流域信息树的黄土高原流域自相似分析

基于分形的多尺度特征提取理论，利用计盒维数方法对流域信息树的全局特征与局部特征进行分析，从而实现各个尺度流域的自相似特征分析（图 5.2）。

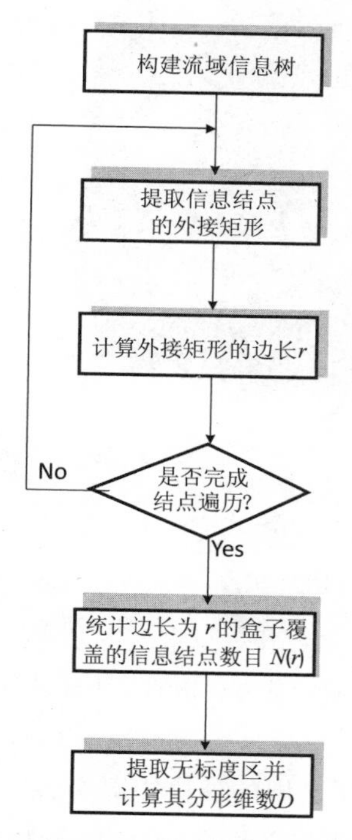

图 5.2 流域信息树自相似分析流程图

利用流域信息树模型和分形自相似分析方法对神木、绥德等6个地区的流域自相似特征进行研究。研究样区分布如图 5.3 所示。

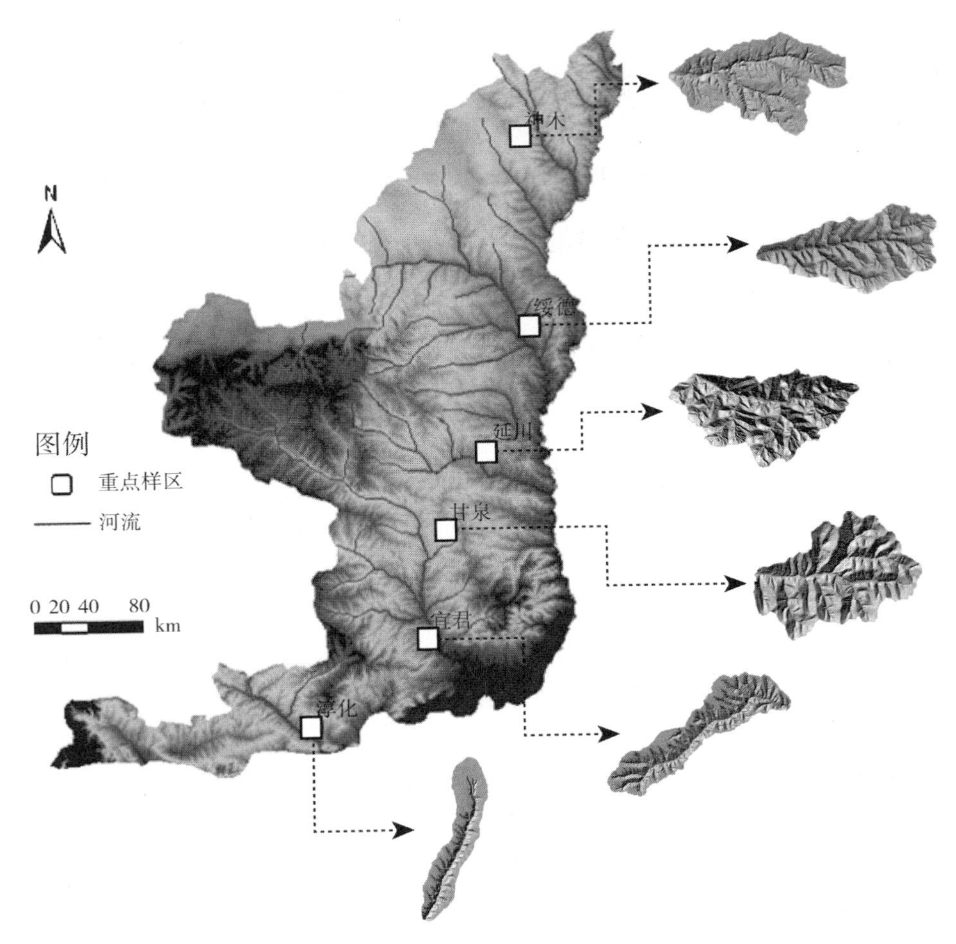

图5.3 流域信息树自相似分析样区分布示意图

通过构建流域信息树，用流域的外接矩形对各个尺度下的信息结点流域面进行覆盖，并对盒子覆盖的流域面个数进行计数，最后计算流域信息树的计盒分形维数值。其中，首先计算出所有结点即流域的覆盖方格边长r，然后对r进行排序，最后对各个尺度覆盖的结点进行计数。流域信息树自相似分析的结果过程如图5.4所示。

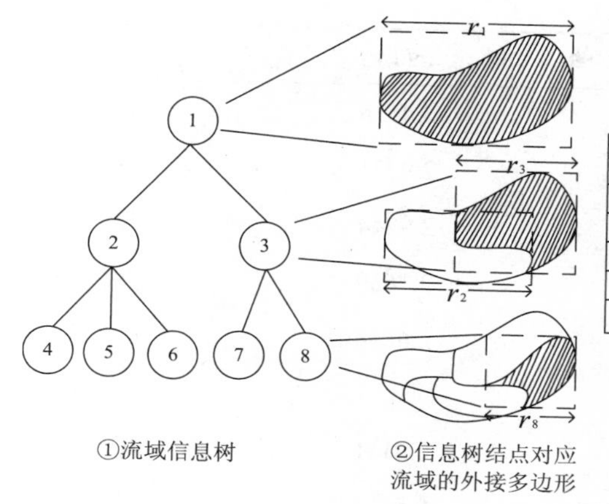

外接矩形长边r	覆盖结点数目$N(r)$	覆盖的流域结点编号
r_1	$N(r)=8$	1，2，3，4，5，6，7，8
r_2	$N(r)=7$	2，3，4，5，6，7，8
r_3	$N(r)=6$	3，4，5，6，7，8
…	…	…
r_8	$N(r)=1$	8

①流域信息树　②信息树结点对应流域的外接多边形　③得到以r_1，r_2，…，r_8为边长的正方形能覆盖的流域结点数目

图 5.4　流域信息树计盒维数计算示意图

利用图 5.4 的步骤，对神木、绥德等 6 个地区的流域信息树的计盒维数进行研究。由于流域的外接矩形的边长 r 大小不一，所以其 r 递增值没有表现出规律性，计算结果如表 5.1~表 5.7 和图 5.5 所示。为了直观和美观，r 均取整后列入各表。

表 5.1　神木地区流域信息树结点投影覆盖法计算结果

r	$N(r)$	$\ln(1/r)$	$\ln(N(r))$
131	2	3.5298	0.6931
425	3	2.3499	1.0986
490	4	2.2064	1.3863
522	5	2.1429	1.6094
786	6	1.7349	1.7918
…	…	…	…
2287	26	0.6660	3.2581
2708	27	0.4972	3.2958
3883	28	0.1368	3.3322

表5.2　绥德地区流域信息树结点投影覆盖法计算结果

r	$N(r)$	$\ln(1/r)$	$\ln(N(r))$
186	3	3.4555	1.0986
301	4	2.9731	1.3863
316	5	2.9244	1.6094
370	7	2.7639	1.9459
401	8	2.6858	2.0794
…	…	…	…
2353	56	0.9151	4.0254
3399	57	0.5474	4.0431
4304	58	0.3113	4.0604

表5.3　延川地区流域信息树结点投影覆盖法计算结果

r	$N(r)$	$\ln(1/r)$	$\ln(N(r))$
361	3	2.6069	1.0986
606	4	2.0883	1.3863
667	5	1.9919	1.7918
685	7	1.9653	1.9459
745	8	1.8807	2.0794
…	…	…	…
2053	29	0.8674	3.3673
2336	30	0.7384	3.4012
2916	31	0.5165	3.4340

表5.4　甘泉地区流域信息树结点投影覆盖法计算结果

r	$N(r)$	$\ln(1/r)$	$\ln(N(r))$
276	2	2.6582	0.6931
496	3	2.0712	1.0986
594	4	1.8900	1.3863
676	5	1.7613	1.6094

(续表)

r	$N(r)$	$\ln(1/r)$	$\ln(N(r))$
689	6	1.7417	1.7918
…	…	…	…
2208	25	0.5769	3.2189
2488	26	0.4576	3.2581
2887	27	0.3087	3.2958

表5.5　宜君地区流域信息树结点投影覆盖法计算结果

r	$N(r)$	$\ln(1/r)$	$\ln(N(r))$
176	5	4.0772	1.6094
191	6	3.9953	1.7918
254	7	3.7066	1.9459
316	8	3.4907	2.0794
371	9	3.3301	2.1972
…	…	…	…
4053	100	0.9376	4.6052
6433	101	0.4757	4.6151
8516	102	0.1953	4.6250

表5.6　淳化地区流域信息树结点投影覆盖法计算结果

r	$N(r)$	$\ln(1/r)$	$\ln(N(r))$
133	2	4.2424	0.6931
196	3	3.8579	1.0986
211	4	3.7840	1.3863
298	5	3.4373	1.6094
341	6	3.3031	1.7918
…	…	…	…
4407	62	0.7424	4.1271
5233	63	0.5708	4.1431
7868	64	0.1629	4.1589

表5.7　不同地区不同尺度下的投影覆盖法流域自相似计盒维数

地区	尺度区间（m）	回归方程	R^2	计盒维数值D	显著性P值
神木	（951，1569）	$y=-0.9280x+4.0742$	0.9831	0.9280	0.000
绥德	（734，1450）	$y=-1.7970x+6.4091$	0.9931	1.7970	0.000
延川	（667，1255）	$y=-2.2263x+6.2706$	0.9806	2.2263	0.000
甘泉	（948，1898）	$y=-0.9754x+3.9114$	0.9788	0.9754	0.000
宜君	（471，1426）	$y=-1.8700x+8.0942$	0.9856	1.8700	0.000
淳化	（866，2973）	$y=-0.7174x+4.9649$	0.9754	0.7174	0.000

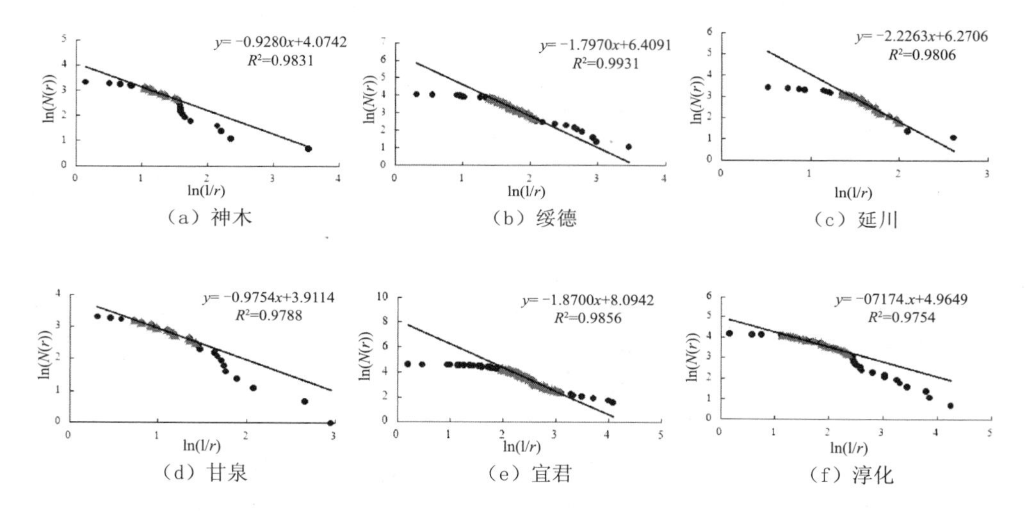

图5.5　不同地区流域信息树投影覆盖法的计盒维数

通过对图5.5以及表5.7分析可以发现，在黄土高原的不同黄土地貌类型区，各个尺度下的流域都具有显著的自相似性。不同区域的分形维数值和尺度区间不同，表明在黄土高原的不同黄土地貌类型区，其流域结构在特定的尺度区间内才会出现自相似的特征，而且具有不同的自相似特征参数。计盒维数值D作为对流域层次嵌套结构自相似的定量描述，可通过采用计盒维数值D对黄土高原地区不同流域地貌类型的空间自相似性进行比较和综合分析，以期揭示在不同流域地貌类型下流域的层次嵌套结构关系的自相似特征。为了深入分析典型地貌类型区流域嵌套结构的自相似特征，根据表5.7，按照样区所属的地貌类型，对计盒维数值D进行合并后计算其平均值。各典型地貌类型区计盒维数值D的结果直方图如图5.6所示。

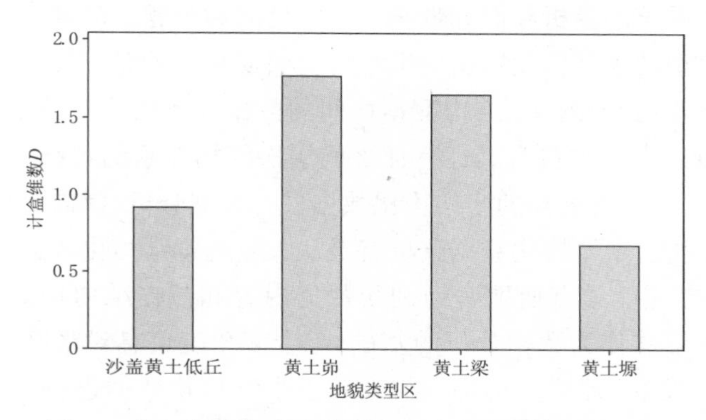

图5.6　黄土高原典型地貌类型区计盒维数值D对比图

通过图5.6可以看出，地貌类型为沙盖黄土低丘和黄土塬的计盒维数值分别为0.9280和0.7174，其值介于0到1之间，计盒维数值较低；黄土峁和黄土梁地貌的计盒维数值分别为1.7970和1.6906，介于1到2之间，计盒维数值较高。在空间分布上，从北到南计盒维数值D呈现出先升后降的趋势，从沙盖黄土低丘至黄土峁地貌呈上升趋势，从黄土峁、黄土梁至黄土塬呈下降趋势。其中，黄土峁地貌类型的计盒维数值最高，而黄土塬的最低，表明黄土峁地貌类型区内的流域具有比较明显的层次嵌套结构自相似，而黄土塬的则较不明显。同时从图5.3中我们可以直观地看出，黄土峁和黄土梁地貌类型区的地貌较复杂，而沙盖黄土低丘和黄土塬的地貌相对简单。可以看出，流域信息树作为一个由多个不同尺度流域共同组成的多层次组合体，对其进行自相似分析，既能直观地反映出流域的层次嵌套结构，又可提取出流域的自相似自组织特征及其对应的尺度区间，而计盒维数值这一指标可以很好地反映流域结构的嵌套自相似性。

目前，仅用计盒维数方法对流域信息树所表达的小流域的自相似层次结构特征进行了标定和研究，其敏感性和代表性还有待检验和研究，相关的理论和方法还需要在将来作进一步研究和分析。

5.2　基于信息结点的流域形状研究

5.2.1 流域信息树结点属性信息序列化分析原理

流域信息树是具有非线性多尺度特征的流域地貌系统模型，它不仅可以用来映射和表达流域地貌系统的多尺度嵌套结构与特征，而且其特有的树形结构也给流域地貌系统的分析和研究带来了新的挑战和难题。流域信息树所采用的树形结构是典型的半结构化数据。半结构化数据是一种介于具有规则完整的结构数据和完全没有规则的无结构数据之间的数据。半结构化数据缺乏严格、完整结构的特点决定了它包含属性特征之间层次结构关系的特征,它的结构是隐含的、不完整的。要对这样的半结构化数据进行数据分析,就需要根据需求设计合理的分析方法。半结构化数据分析就是从大量的半结构化数据中发现隐含的规律性内容,它应能够有所取舍地利用数据内容和数据结构特征,以更加多样化的特征表达形式作为数据分析的基础,综合多角度信息对半结构化数据进行深层次的知识发现(孙涛,2010)。前人关于半结构化数据进行了大量的研究,Buneman et al.(1997)提出了基于树的数据分析模型;Liu et al.(2000)提出包含偏斜、不一致信息的半结构化数据模型;Asai et al.(2004)提出了以标记有序树为模型快速发现频繁树状模式的算法;Dobbie et al.(2000)提出了带有语义的数据模型ORA-SS,该模型一方面反映了半结构化数据的嵌套结构,另一方面包含对象、关系和属性三个基本概念;Asai et al.(2003)提出从大量的半结构化数据集合中发现频繁子结构的数据挖掘问题;Wu et al.(2002)提出半结构化模型范式的概念NF-SS,并且详细讨论了该模式中可能出现的各种异常情况。本书中流域信息树的分析方法在借鉴半结构化数据分析方法的基础上,提出了针对流域信息树的序列化分析方法,以补充和丰富流域地貌系统的研究理论和分析方法。在树形结构中,树被引申为是由一个集合以及基于该集合定义的一种关系构成的,包含根结点和若干棵子树。常用的传统经典数理统计分析方法不易对流域信息树的树形结构,进行分析和处理。我们通过对流域信息树进行序列化处理,将其转换为易于处理的链式结构,同时再将多条序列化链组合在一起就形成了半结构化的表格结构。同时,在进行流域信息树信息结点的遍历时,要充分考虑各个信息结点对应流域面的面积大小,以流域面积大小为权重,将流域信息树上的每个信息结点按照面积权重依次遍历排列转换为链式结构。流域信息树序列化的原理如图5.7所示。

由于流域信息树每一层次的结点数目不同,故序列化成链式结构的表格长度也是不一致的,且组合后的表格结构为半结构化的表结构,在进行具体应用分析时可以对后面的表格进行截取,将长度不一的表结构统一为长度一致的标准表格结构,以便使用经典的数学统计方法对其进行处理和分析。

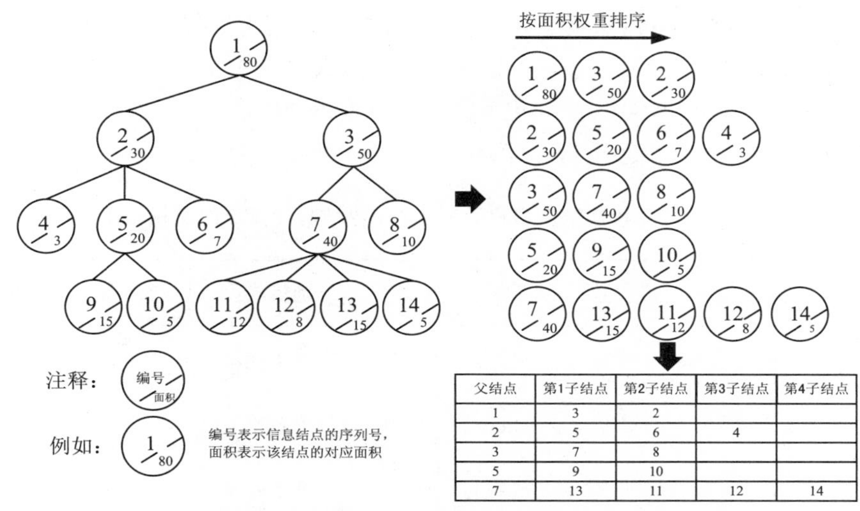

父结点	第1子结点	第2子结点	第3子结点	第4子结点
1	3	2		
2	5	6	4	
3	7	8		
5	9	10		
7	13	11	12	14

图 5.7　流域信息树按面积权重序列化为半结构化的表结构

5.2.2 基于结点属性信息序列化的流域形状特征分析

流域信息树结点属性信息的序列化处理，是利用流域信息树对黄土高原地区流域地貌进行研究的关键内容之一。本节采用流域信息树序列分析方法来研究父子流域间的形状关系。流域与其子流域的分布格局决定了流域内水文过程的形成与运动方式。流域与其子流域的分布格局受流域内坡度大小、岩性、地质构造、新构造运动等因素的影响，其形状类型主要有放射状、辐合状、树枝状、羽状等形态(沈玉昌等，1986)。整个父子流域间形状关系分析过程如图 5.8 所示。

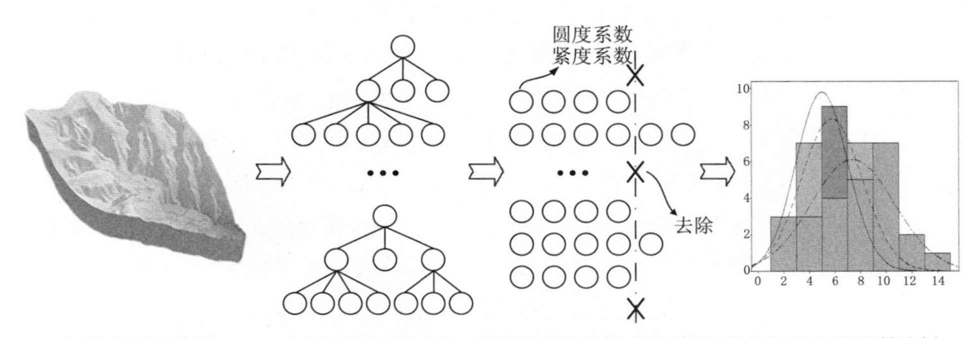

(a)DEM 地形数据　(b)建立流域信息树　(c)按面积权重序列化并提取主成分　(d)形状比较分析

图 5.8　父子流域间形状关系序列化分析示意图

在包含黄土完整台塬、黄土残塬、黄土塬等15种黄土地貌类型的一般实验样区(图3.1),按照不同地貌类型区分别建立流域信息树并进行序列化分析。本研究共有1178个序列化样本,将序列化后按面积权重排列的前3个子流域的面积之和与父流域的面积比率关系进行计算,结果如表5.8所示。

表5.8　按面积权重序列化后前3个子流域与父流域的面积比率

编号	地貌类型	样本数N	面积比	编号	地貌类型	样本数N	面积比
1	保存完整台塬	71	90.73%	9	黄土峁梁	46	84.13%
2	黄土残塬	259	83.06%	10	黄土平梁	51	83.04%
3	黄土塬	133	85.93%	11	黄土斜梁	37	84.83%
4	切割破碎台塬	53	93.66%	12	黄土长梁	91	90.19%
5	中度切割台塬	106	82.55%	13	沙盖黄土梁	36	91.63%
6	黄土覆盖低山	26	94.91%	14	黄土丘陵	41	89.10%
7	蚀余黄土低山	52	86.86%	15	蚀余基岩丘陵	240	83.77%
8	黄土梁峁	195	88.22%		合计	1178	86.83%

从表5.8中可以发现,流域信息树序列化后的前3个子流域面积之和占了父流域面积的82.55%以上,这表明序列化后排在前3的子流域包含了父流域的绝大部分信息,所以,在分析父流域和其内部包含的各个子流域间的形状变化关系时,本研究仅考虑序列化后的前3个子流域。在以下的分析和处理中,流域信息树序列化后的父信息结点记为父流域,按面积权重排序后的前3个子流域分别依次记为第一子流域、第二子流域和第三子流域。同时,以面积序列化的框架顺序为基础,分别计算父、子流域的圆度系数和紧度系数,绘制其对应的圆度系数和紧度系数95%置信区间对比图,结果如图5.9和图5.10所示。为了进一步分析圆度系数和紧度系数的变化规律,以Jonckheere-Terpstra(J-T)检验方法检验流域的形状变化特征,结果如表5.9和5.10所示。

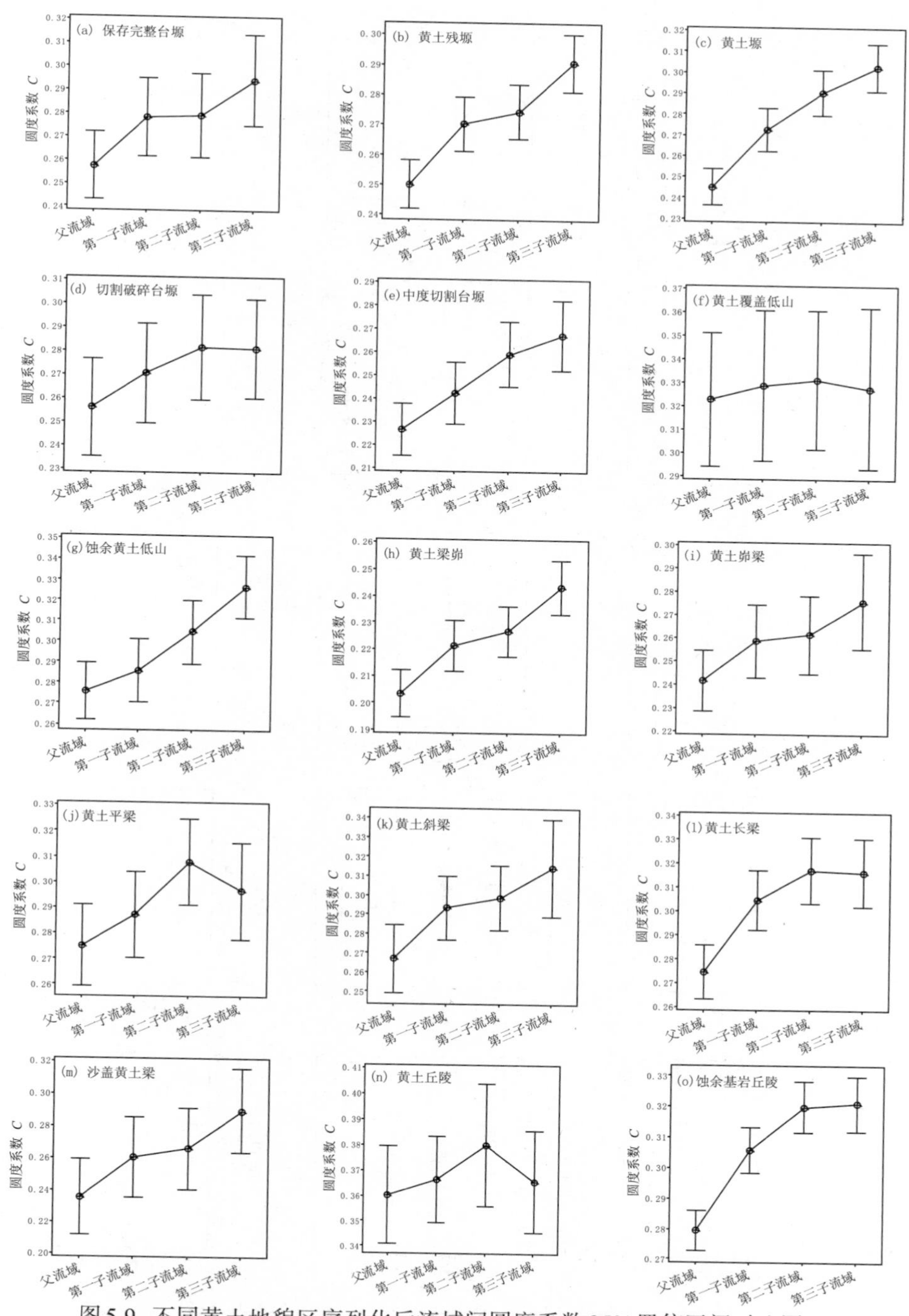

图 5.9　不同黄土地貌区序列化后流域间圆度系数 95% 置信区间对比图

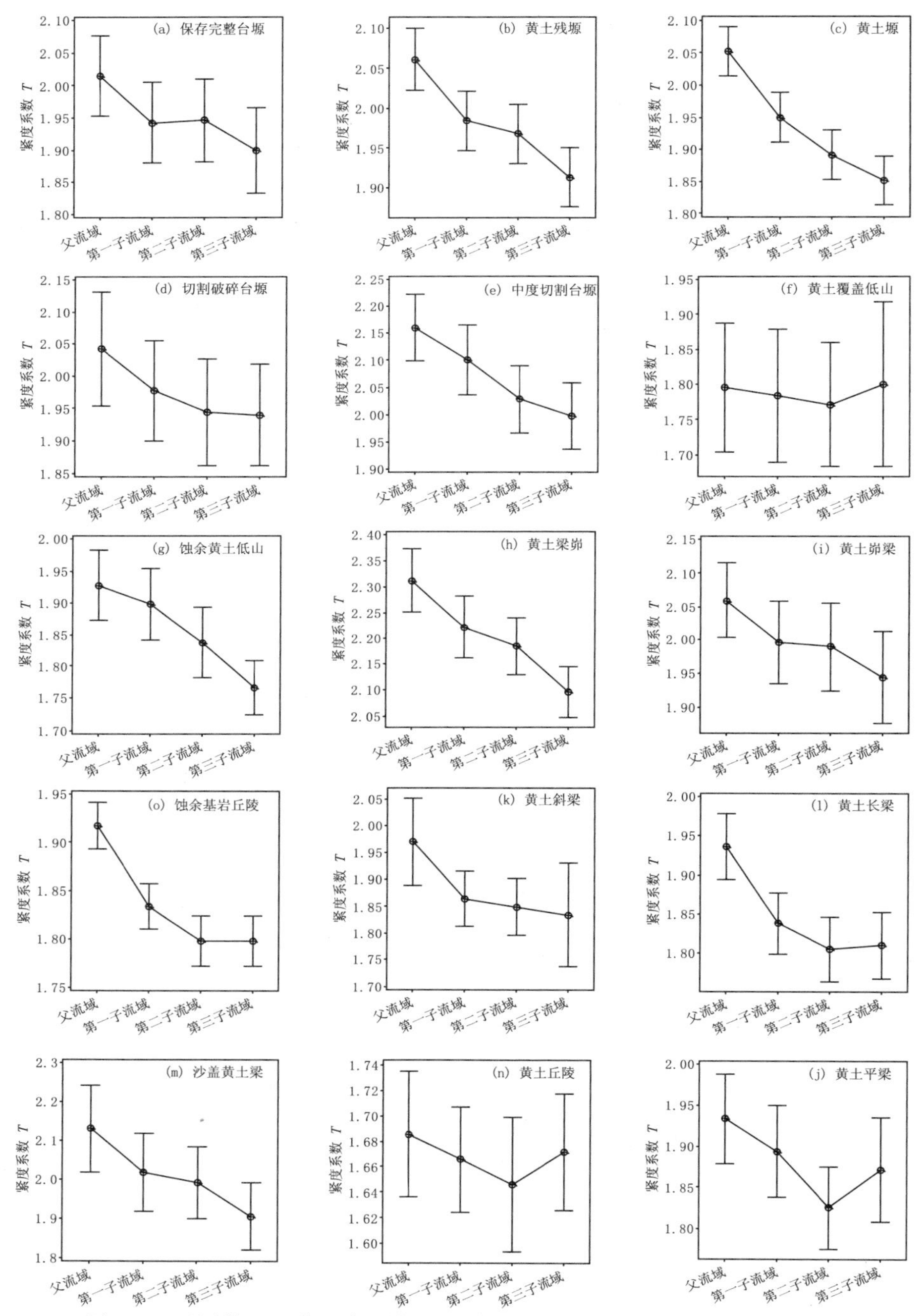

图5.10 不同黄土地貌区序列化后流域间紧度系数95%置信区间对比图

表5.9　父子流域圆度系数间关系Jonckheere-Terpstra检验

序号	地貌类型	组数	样本数	J-T统计量	J-T标准偏差	J-T标准差	P值
1	保存完整台塬	4	284	13208.00	773.968	−2.474	0.013
2	黄土残塬	4	1042	171965.50	5431.067	−5.821	0.000
3	黄土塬	4	532	37875.50	1982.393	−7.663	0.000
4	切割破碎台塬	4	212	7456.50	499.524	−1.943	0.052
5	中度切割台塬	4	424	27782.00	1410.897	−4.200	0.000
6	黄土覆盖低山	4	104	1991.50	172.128	−0.212	0.832
7	蚀余黄土低山	4	208	5726.50	485.480	−4.913	0.000
8	黄土梁峁	4	780	95967.00	3518.112	−5.147	0.000
9	黄土峁梁	4	184	5408.00	404.076	−2.326	0.020
10	黄土平梁	4	204	6720.50	471.570	−2.296	0.022
11	黄土斜梁	4	148	3069.00	291.721	−3.558	0.000
12	黄土长梁	4	364	19971.50	1122.533	−4.340	0.000
13	沙盖黄土梁	4	144	3069.00	280.005	−2.925	0.003
14	黄土丘陵	4	167	5123.50	349.502	−0.302	0.763
15	蚀余基岩丘陵	4	960	137483.00	4803.000	−7.353	0.000

表5.10　父子流域紧度系数间关系Jonckheere-Terpstra检验

序号	地貌类型	组数	样本数	J-T统计量	J-T标准偏差	J-T标准差	P值
1	保存完整台塬	4	284	17038.00	773.968	2.474	0.013
2	黄土残塬	4	1042	235194.50	5431.067	5.821	0.000
3	黄土塬	4	532	68258.50	1982.393	7.663	0.000
4	切割破碎台塬	4	212	9397.50	499.524	1.943	0.052
5	中度切割台塬	4	424	39634.00	1410.897	4.200	0.000
6	黄土覆盖低山	4	104	2064.50	172.128	0.212	0.832
7	蚀余黄土低山	4	208	10497.50	485.480	4.914	0.000
8	黄土梁峁	4	780	132183.00	3518.112	5.147	0.000
9	黄土峁梁	4	184	7288.00	404.076	2.326	0.020
10	黄土平梁	4	204	8885.50	471.570	2.296	0.022
11	黄土斜梁	4	148	5145.00	291.721	3.558	0.000
12	黄土长梁	4	364	29714.50	1122.533	4.340	0.000
13	沙盖黄土梁	4	144	4707.00	280.005	2.925	0.003
14	黄土丘陵	4	167	5334.50	349.502	0.302	0.763
15	蚀余基岩丘陵	4	960	208117.00	4803.000	7.353	0.000

通过圆度系数和紧度系数的置信区间(图5.9和图5.10)可以直观发现,从父流域到子流域,不论是以圆度系数还是紧度系数作为测度,15种地貌类型下的子流域都比父流域要圆,即流域内部嵌套的流域有逐渐变圆的趋势。同时,通过Jonckheere-Terpstra 检验(表5.9和表5.10)也可以发现,除切割破碎台塬、黄土覆盖低山、黄土丘陵这三种地貌类型外,兄弟流域间都有面积越小其形状越圆的趋势。流域形状是流域内部能量流交换过程的直接表象反应。在圆形或近圆形流域中,流水更易于向干流集中,因而会出现巨大的洪峰;如果流域形状比较狭长,径流变化就会比较平缓,洪水宣泄均匀,则不易形成集中的洪峰。从中可以看出,流域信息树作为一个由多个不同尺度流域共同组成的多层次组合体,既是多层次嵌套流域系统的直观表达,也包含了多层次流域单元间的相互关系信息。

5.2.3 小　结

在本研究中,我们利用流域信息树的序列化分析方法以及树结点中所包含的信息参数(如流域圆度、紧度系数),在流域信息树的树形组织框架下,对不同尺度的流域形状进行研究和分析。我们研究发现,从父流域到子流域,子流域比父流域在形状上都更圆,即流域内部逐级嵌套的流域有逐渐变圆的趋势,而且具有流域面积越小其形状越圆的趋势。同时,我们利用流域信息树的序列化分析法实现了各尺度流域结点属性信息间相互关系的研究。研究还存在很多不足之处,在本节中仅使用了流域的圆度和紧度等形状指标,流域的其他关键特征指标如沟壑密度、深切度、高程面积积分等尚未进行分析研究,相关内容还有待进一步深入。同时,本节仅提出了较为基本的流域信息树按面积权重序列化分析方法,其他树形结构分析方法还有待进一步研究和分析。

5.3　基于流域信息树的黄土地貌类型分区

5.3.1 黄土地貌类型分区的原理和方法

流域与其子流域按照一定规则组成了一个统一的整体,它们都不是偶然、简单地结合到一起,而是在相互制约和相互影响下形成的一个具有自组织结构的自然综合体。同时,流域与其子流域的结构组成也绝不是纯属偶然性的、杂乱无章的组合,每个流域与其对应的子流域均通过其内部能量流和物质流的交换及传输,形成了具有一定序列结构且在空间分布上相互联系的动态系统,它们的一切外在表现都是形成流域与其子流域的内外营力共同作用的结果。流域与其子流域的空间关系反映了流域地貌被冲刷或侵蚀后的地形层次组织关系，表现出了流域地形所特有的多重空间尺度特征，即在一个流域的不同级别子流域内有相应级别的子流域，子流域的流水汇入高一级的子流域，高一级的子流域汇入更高一级的子流域，如此反复，形成一个具有严密层次等级结构的系统。在同一流域内，高一等级的支流与低一等级的支流之间具有完全包含与完全被包含的关系，这是一种具有自上而下有序组织的树形等级系统。高等级支流对低等级分支有制约作用，低等级分支为高等级支流提供机制和功能(Wu，1999；邬建国，2004)。由于流域与其子流域是一个与汇流累积相关的等级系统，这决定了流域信息树形态结构本身也应具有等级嵌套的特点。流域的层次等级特性是与生俱来的，流域信息树外在的形态结构是对这种等级特性的定量表达，也是对地表面高低起伏的状态反应。流域信息树的地学意义在于其具有与地貌形态的对应性，即特定的地貌形态具有特定的流域信息树结构，而特定的流域信息树形态结构也应该可以映射出相应的地貌形态特征。由于流域信息树的形态结构指标能够从不同的角度和方面刻画地貌形态某个方面在空间上的变化规律，因此本节将尝试通过对流域信息树的形态结构指标进行综合分析，实现对黄土高原重点水土流失区黄土地貌类型区地貌类型自动划分的研究。

前人在地貌类型划分方面做了大量的工作。罗来兴(1956)以地貌的发育过程为基础，根据相对面积大小，对晋西、陕北、陇东黄土区域沟间地和河谷的地貌类型进行了划分研究。张宗祜等(1987)结合黄土成因分类和形态分类的原则，较全面系统地概括了黄土地貌的特征，对黄土地貌进行了较为细致的划分。甘枝茂(1996)根据形态与成因相结合的原则，以组成物质为依据，对黄土地貌的类型作了较详细的划分，是陕西黄土高原地貌类型划分的重要成果，为利用和改造黄土地区地貌条件提供了科学的依据。Brown et al.(1994)利用高程、坡度、粗糙度等分类指标，应用监督分类方法对冰河地貌进行了分类和划分。刘勇等(1999)以DEM高程数据提取的地表粗糙度、相对高程、高程变异系数、坡度、水平曲率、垂向曲率、累计曲率等指标，利用监督分类方法，对兰州以南、青藏高原东北部边缘的美武高原地区进行了夷平面、陡坡、谷底和低缓平地的划分和提取。Tang(2006)从1：1000000比例尺分辨率为1 km的DEM数据中提取地形起伏度、地表切割度、地表粗糙度、高程变异系数、平均坡度、平均高程等地形因子，利用遥感影像分类方法实现了对中国基本地貌类型的自动划分。周毅(2008)利用形状指标、匀度指数、深切度、平均粗糙度比、蚕食度这5个相关性较小的正负地形指标对黄土高原进行了地貌类型划分。祝士杰(2013)利用流域面积高程积分谱系对黄土高原重点水土流失区进行了地貌类型的划分研究。

随着面向对象分类在农业、林业等领域的广泛应用，相关的技术和方法在地貌类型区划分领域也得到了应用。面向对象分类主要包括图像分割技术、变化检测、精确度评价、自动图像处理等内容。Blaschke et al.(2001)提出了“像素怎么了？”这个尖锐问题，指出了以像元为单位、一个像素接着一个像素对图像进行处理的弊端；Yu et al.(2006)建立了一个全面的植被调查系统，证明了面向对象分类方法能够克服传统的像素分类方法导致的椒盐噪声问题；Blaschke et al.(2014)提出，早期的面向对象影像分析研究主要关注图像分割，并使用类似GIS空间分析方法来分类和提取要素；Chubey et al.(2006)使用面向对象分类方法提取森林调查参数；Lathrop et al.(2006)使用面向对象分类方法绘制生物栖息地地图；Addink et al.(2007)对植物植被参数、地上部生物量和叶面积指数进行评估，认为面向对象的分类方法的精确度高于单像素分析法。在分割技术方面，Radoux & Defourny(2008)认为分类后的图像质量往往依赖于图像分割，他们提出了分割结果的快速评估方案；Byun et al.(2013)提出了面向对象的高分辨率卫星多光谱图像分割方法，该方法考虑了空间和光谱信息；实验结果显示，该方法优于之前的可视化评估分割技术和定量比较评估分割技术。在变化检测方面，Niemeyer et al.(2008)进行非监督变化检测以及面向对象的分类处理，提取自动预处理后的图像数据、图像对象和对象特征；Conchedda et al.(2008)利用SPOT XS数据对塞内加尔红树林土地覆盖进行面向对象影像分析，同时运用该方法对1986—2006年红树林变化的分析进行测试。在精确度评价方面，Wu et al.(2014)应用高分辨率遥感影像面向对象影像分析对建筑物进行易损性评估，结果显示面向对象分类方法适用于提取建筑物信息且易于实施，他们同时提供了快速解译评估结果；Durieux et al.(2008)利用面向对象影像分析方法和现有的GIS数据对城市扩张区域建筑结构进行监控，弥补了该类区域的最新数据缺乏的情况。在应用软件开发方面，Ruiz et al.(2011)开发了农业面向对象影像要素提取软件，这个软件的目的是成为一个动态的工具，进一步整合数据和提供特征提取算法，逐渐改进土地覆盖数据库和农业数据库的更新过程；Maxwell & Susan(2010)通过面向对象影像分析自动处理边界检测算法，验证了采用土地覆盖特征来开发农药喷雾偏差的应用程序的可行性。在图像自动处理方面，Zhang et al.(2005)用面向对象分类方法自动提取中国三峡水库土地覆盖类型的相关信息；Roelfsema et al.(2014)采用半自动化面向对象影像分析方法绘制海草覆盖、物种、生物量的多时相图；Gamanya et al.(2009)认为相较于传统的面向像素影像分析方法，面向对象影像分析方法具有非常多的优点且将得到越来越广泛的应用。

本节在学习和总结前人地貌类型划分方法和面向对象分类理论的基础上，以流域信息树理论为基础，利用流域信息树形态结构指标值等数据，通过对流域信息树量化表达参数复杂度β指数、连通度γ指数、层次梯度S指数、结点裂变V指数、结点裂变熵H指数等具有特定的地学意义的指标进行空间插值，而后，再将流域信息树的每一个定量指标作为多波段图像中的一个波段，通过波段组合形成一个从多个侧面描述地貌类型的多维流域信息树形态结构特征空间数据集。为消除各指标由于尺度和量纲的不同所导致的个别因子在进行地貌分类时权重过大对分类结果的影响，需要对流域信息树的各个形态特征指标统一进行量纲处理。将标准化后的各形态特征因子作为单波段图像，依次按照复杂度β指数、连通度γ指数、层次梯度S指数、结点裂变V指数、结点裂变熵H指数、裂变结点百分比R指数、结点总数C指数、信息树高度E指数、信息树宽度W指数的顺序分别放入9个通道中，组合成多波段图像。由于各个因子从不同角度和方面体现和反映了黄土地貌类型的空间变化和区域分异特征，通过借助遥感影像的相应分类方法就可以实现对黄土高原地貌形态类型的划分。整个黄土地貌类型区划分的研究技术路线如图5.11所示。

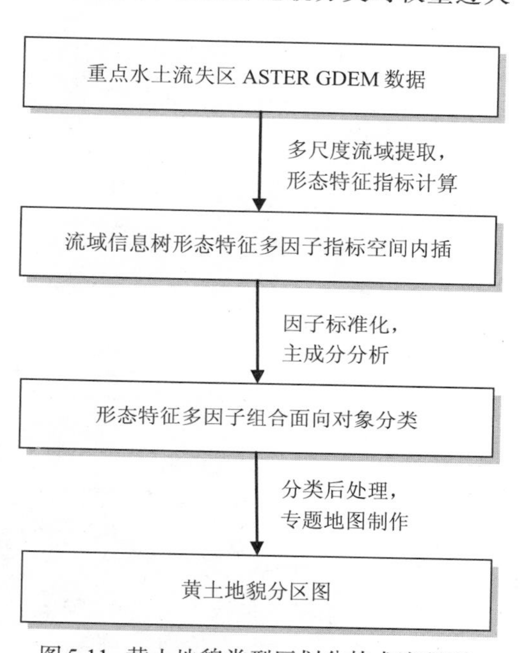

图5.11　黄土地貌类型区划分技术流程图

5.3.2 基于流域信息树形态结构的黄土地貌分区研究

我们选择黄土高原重点水土流失区作为研究区域，基于30 m分辨率的ASTER GDEM数据进行流域信息树形态结构的空间分异研究。流域信息树提取和分析的具体方法如下：选择覆盖整个黄土高原重点水土流失区范围的ASTER GDEM数据作为流域信息树研究的基本数据，在ArcGIS 10软件下，分别以0.2 km^{2}和77.7 km^{2}作为最小与最大汇流累计阈值区间，利用Python脚本调用ArcGIS 10软件中的流域分析模块对整个区域进行流域分割，获得多种尺度的流域矢量数据；通过对多尺度流域矢量数据进行拓扑错误处理和叠置分析，提取出整个黄土高原重点水土流失区3358个完整的流域信息树数据，以此作为后续研究和分析的基础数据。所提取流域的空间分布状况如图5.12所示。

以流域信息树的根结点所对应完整多边形流域面的中心点为基准，将多边形流域面转换成矢量点数据，共3358个样本；从所有的流域信息树样本数据中随机挑选90%数据即3014个样点作为内插模型的建模数据。将余下的10%数据即344个样点数据作为克里金内插模型的精度验证数据。本章利用ArcGIS 10的统计分析模块对黄土高原重点水土流失区的流域信息树各形态特征指标进行空间内插，以获得整个区域连续无缝的流域信息树形态结构的空间分布格局。具体步

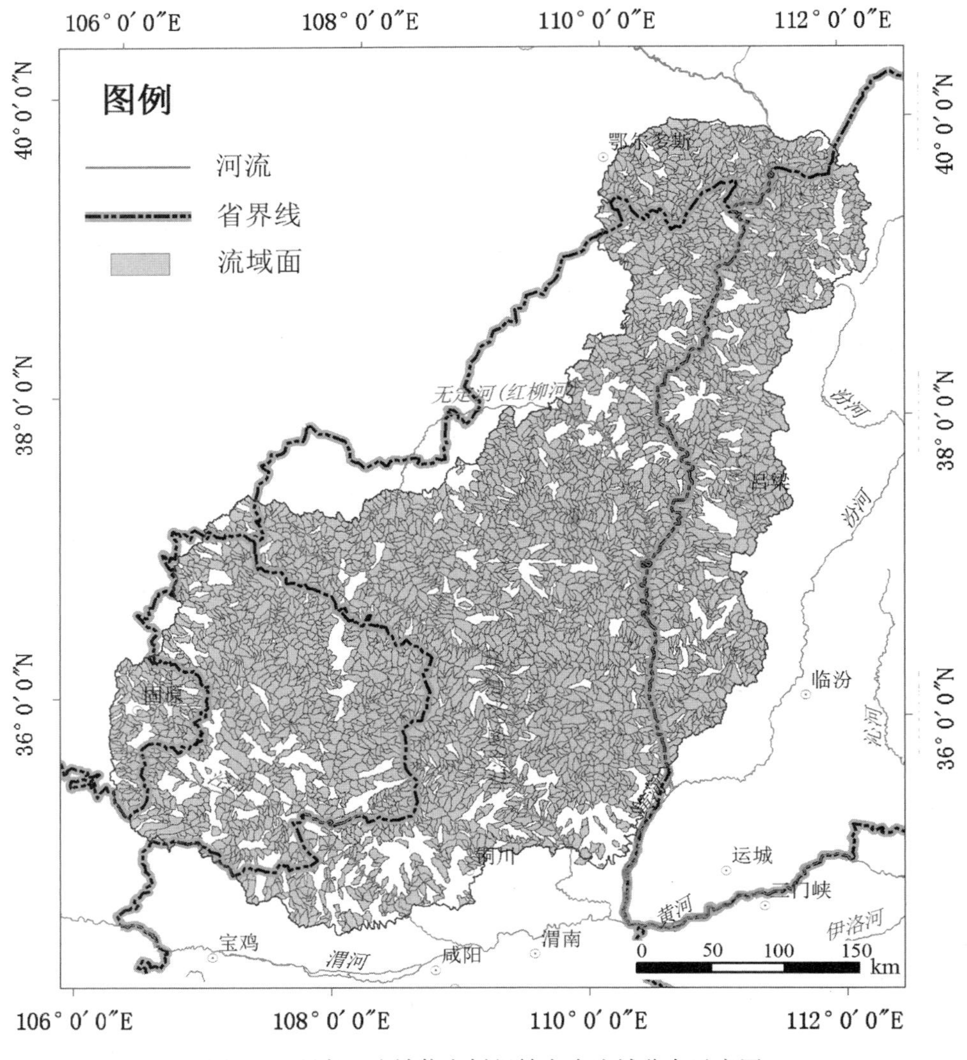

图5.12 研究区流域信息树根结点小流域分布示意图

骤如下：①样本数据统计特征分析和正态变换。对样本数据的分布情况进行统计分析，通过Box-Cox使各项指标数据满足克里金插值正态分布的要求；②选择合适的内插参数和模型，进行克里金空间内插，本章采用克里金插值方法；③用交叉验证法检验所选拟合模型的合理性以评估模型的预测精度。图5.13为通过空间

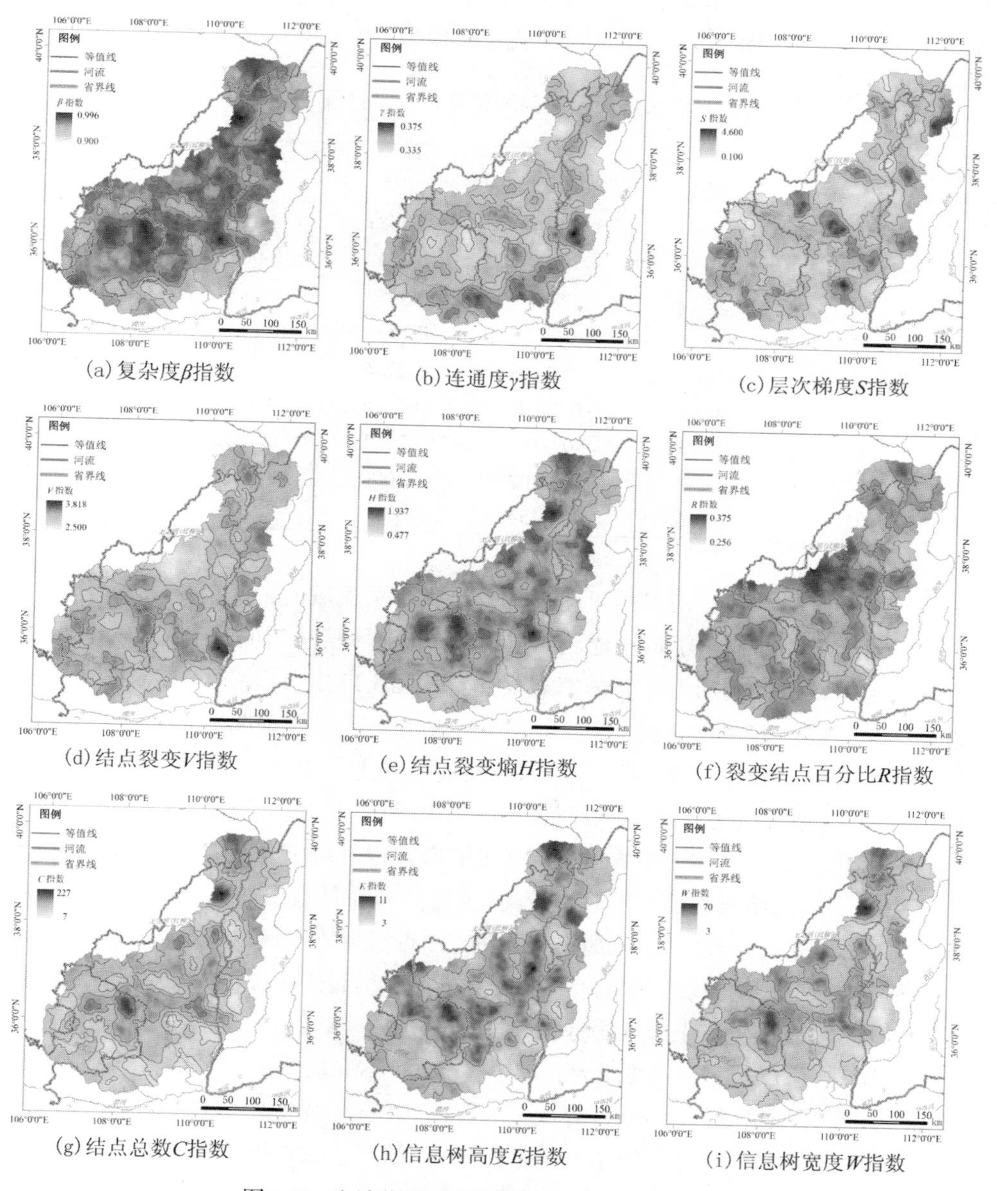

(a) 复杂度β指数　(b) 连通度γ指数　(c) 层次梯度S指数

(d) 结点裂变V指数　(e) 结点裂变熵H指数　(f) 裂变结点百分比R指数

(g) 结点总数C指数　(h) 信息树高度E指数　(i) 信息树宽度W指数

图5.13　流域信息树形态结构指标空间分异图

插值得到的流域信息树各形态结构指标的空间分异图。

为了估计空间内插模型的精度，需对克里金插值的结果进行评价，主要的空间插值模型评价指标包括：平均误差(Mean Error，ME)、标准平均值(Mean Standardized Error，MSE)、平均标准误差(Average Standardized Error，ASE)、均方根误差(Root-Mean-Square Error，RMSE)和标准均方根(Root-Mean-Square Standardized Error，RMSSE)。表5.11为克里金模型的空间预测精度评价参数表。

表5.11　空间预测精度评价参数表

流域信息树形态结构指标	*ME*	*MSE*	*ASE*	*RMSE*	*RMSSE*
β指数	0.0007	0.1240	0.0081	0.0119	1.5150
γ指数	−0.0001	−0.0620	0.0032	0.0045	1.4370
*S*指数	0.0331	0.0104	0.8451	0.6812	0.8679
*V*指数	−0.0086	−0.0596	0.1584	0.1654	1.0430
*H*指数	−0.0060	−0.0225	0.2256	0.2180	0.9656
*R*指数	0.0007	0.0441	0.0165	0.0172	1.0420
*C*指数	−0.3775	−0.0319	0.2781	0.2976	1.0920
*E*指数	−0.0455	−0.0402	1.2090	1.1910	0.9868
*W*指数	−0.2668	−0.0457	8.6360	8.8130	1.0380

流域信息树的各形态结构量化指标直接反映了流域的特征，每个指标分别从不同的角度和侧面描述了黄土地貌的形态特征；流域信息树的形态结构指标的空间分异也反映了地貌形态变异的客观规律。从图5.13中可以看出，在对各个指标进行插值后，发现各量化指标在空间上均呈现出一定的规律性。复杂度β指数高值区主要分布在黄土峁梁、黄土斜梁、侵蚀堆积黄土斜梁、黄土覆盖中山、沙丘等地貌类型区，地理位置主要位于黄龙山、吕梁山、神木及榆林等地；在阶地、黄土塬等较平坦地区层次梯度*S*指数值较高；在中海拔侵蚀堆积黄土峁梁、侵蚀剥蚀中起伏中山等地区结点裂变*V*指数值较高，主要分布在吕梁山的方山县与岚县的交界处、黄龙山的庆阳与延安、固原的交界处；结点裂变熵*H*指数较高值区主要分布在中海拔高丘陵，侵蚀剥蚀中起伏中山、侵蚀剥蚀小起伏中山、中海拔侵蚀堆积梁塬、中海拔侵蚀堆积黄土峁梁等地区，地理分布位于吕梁山附近的方山县、黄龙山附近的华池县，以及黄土高原北部的准格尔旗、神木和榆林附近等地；在中海拔剥蚀堆积黄土峁地区，裂变结点百分比*R*指数较高；在干燥的中海拔高丘陵、中海拔侵蚀堆积黄土峁梁、侵蚀剥蚀小起伏中山地区，结点总数*C*指数值较高；流域信息树的高度*E*指数高值区主要分布在干燥的中海拔高丘陵、中海拔侵蚀堆积黄土峁

梁、中海拔剥蚀堆积黄土峁、中海拔剥蚀堆积黄土塬等地区；流域信息树宽度 W 指数高值区主要分布在中海拔侵蚀堆积黄土峁梁、沙丘、侵蚀剥蚀小起伏中山等地貌类型区，如神木、准格尔旗、华池（黄龙山）等地。

基于整体全局的值域格局分析，可以发现流域信息树各形态结构指数空间分布表现出一定的规律性。①β 指数、H 指数、C 指数、E 指数和 W 指数的值域分布呈现出一定的规律性，表现为以下两个特点：沿着黄河河谷，各个指标具有较低的值；各指标值总体上呈现出西北高、东南低的特点，高值区主要分布在以神木—绥德—甘泉—西峰沿线以西的地区，低值区主要分布在黄土高原最南部的黄土塬区。γ 指数与 β 指数具有显著的相关性，相关系数为 -0.997。γ 指数的分布趋势基本上与 β 指数一致，但高低值分布恰好相反，东南部 γ 值高，西北部 γ 值低。②S 指数的等值线主要呈西北—东南走向，高低值相间分布。③V 指数高值区主要分布在山脉附近，包括吕梁山、黄龙山、白于山、六盘山附近。R 指数与 V 指数具有显著的相关性，相关系数达到 -0.927；R 指数分布趋势与 V 指数一致，但高低值分布恰好相反，吕梁山、黄龙山、白于山、六盘山等山脉附近 R 指数的值较低，最高值在陕西靖边。

利用流域信息树各形态结构指数空间插值得到的数据，采用面向对象分类的方法，对重点水土流失区进行地貌类型区划分。在进行地貌类型区划分之前，首先，对 9 个指标插值得到的数据进行归一化处理，以消除不同量纲的影响；其次，对归一化后得到的数据进行 PCA 主成分变换，以消除各个指标间的相关性并降低多维数据的维度。表 5.12 为主成分变换的特征根和累计贡献率。

表5.12　流域信息树9指标PCA主成分变换的特征根和累计贡献率

序号	特征根	方差贡献率（%）	累计贡献率（%）
1	0.06385	63.51	63.51
2	0.01740	17.31	80.82
3	0.01084	10.79	91.61
4	0.00553	5.49	97.10
5	0.00246	2.45	99.55
6	0.00018	0.18	99.73
7	0.00017	0.17	99.90
8	0.00008	0.08	99.98
9	0.00002	0.02	100.00

从表 5.12 可以看出，PCA 主成分变换后的前 4 个主成分的最大累计贡献率达到了 97.10%，所以，在后续进行面向对象地貌类型区划分时，仅选用前 4 个主成分进行分析就可以保留原始数据的绝大部分信息并且消除数据的多重共线性问题。

在ENVI 5中Feature Extraction软件模块的支持下，我们通过采用图像的边缘分割算法，设定阈值为40.5，将Texture Kernel Size取值为3，对黄土高原重点流失区进行黄土地貌分区，对结果进行Clump和Eliminate碎屑多边形消除后，得到图5.14地貌分区图。

依据面向对象分类得到的结果，按从北到南的顺序，将各黄土地貌分区依次命名为Ⅰ到Ⅹ区。以2006年李吉均编制的1∶1000000地貌类型图为参考图层，对各分区内地貌类型的分布情况进行分析(表5.13)。

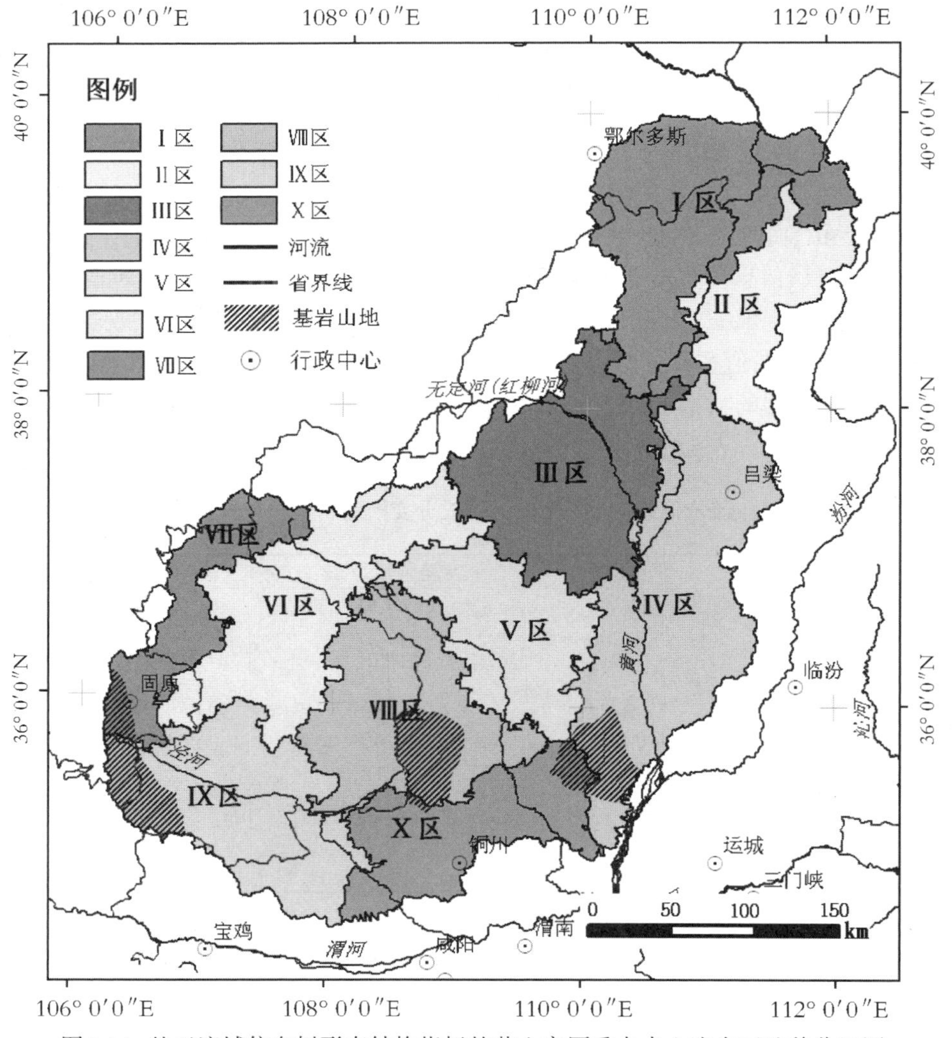

图5.14 基于流域信息树形态结构指标的黄土高原重点水土流失区地貌分区图

表5.13　各黄土地貌分区特征表

分区编号	最小高程（m）	最大高程（m）	平均高程（m）	主要地貌类型	次要地貌类型	地理位置及其他情况
Ⅰ区	559	2162	1192	中海拔侵蚀堆积黄土峁梁	黄土覆盖的小起伏中山、有干燥作用的中海拔高丘陵、中海拔侵蚀堆积黄土斜梁	包含准格尔旗、府谷县、神木县等大部分地区，相对高差1603 m，地面平均坡度9.12°
Ⅱ区	517	1922	1126	黄土覆盖的小起伏中山	中海拔侵蚀堆积黄土峁梁、侵蚀剥蚀中起伏中山	包含兴县、岢岚县、五寨县等大部分地区，相对高差1405 m，地面平均坡度12.73°
Ⅲ区	729	2781	1421	中海拔剥蚀堆积黄土峁	中海拔侵蚀堆积黄土峁梁	包括横山县、子洲县、子长县等大部分地区，相对高差2052 m，地面平均坡度12.12°
Ⅳ区	1263	2858	1685	侵蚀剥蚀中起伏中山	中海拔侵蚀堆积黄土梁塬、中海拔侵蚀堆积黄土峁梁、黄土覆盖的小起伏中山	包括宜川县、吉县、大宁县、永兴县等大部分地区，相对高差1595 m，地面平均坡度11.89°，地处黄河河谷，东部以吕梁山为界
Ⅴ区	1017	1863	1467	中海拔侵蚀堆积黄土峁梁	黄土覆盖的中起伏中山、黄土覆盖的小起伏中山和中海拔侵蚀堆积黄土斜梁	包括延安市、甘泉县、安塞县等大部分地区，相对高差846 m，地面平均坡度14.99°
Ⅵ区	712	1734	1234	中海拔侵蚀堆积黄土斜梁	中海拔侵蚀堆积黄土峁梁、中海拔侵蚀堆积黄土梁塬和黄土覆盖的中起伏中山	包括环县、吴旗县、华池县等大部分地区，相对高差1022 m，地面平均坡度15.53°，北部有白于山贯穿
Ⅶ区	676	1835	1309	中海拔侵蚀堆积黄土斜梁	中海拔侵蚀堆积黄土峁梁、中海拔侵蚀堆积黄土梁塬、中海拔侵蚀堆积黄土塬和中海拔剥蚀堆积黄土峁	包括环县、彭阳县等部分地区，相对高差1159 m，地面平均坡度15.73°
Ⅷ区	335	2525	1087	黄土覆盖的中起伏中山	中海拔侵蚀堆积黄土斜梁、黄土覆盖的小起伏中山	包括合水县、宁县、富县、黄陵县等大部分地区，相对高差2190 m，地面平均坡度14.24°，黄龙山从中部将其截断

(续表)

分区编号	最小高程(m)	最大高程(m)	平均高程(m)	主要地貌类型	次要地貌类型	地理位置及其他情况
Ⅸ区	570	2908	1348	中海拔侵蚀堆积黄土峁梁	中海拔侵蚀堆积黄土塬、中海拔侵蚀堆积黄土斜梁	包括镇原县、平凉市、泾川县、灵台县等大部分地区，相对高差2338 m，地面平均坡度12.76°
Ⅹ区	359	1814	1065	低海拔侵蚀堆积黄土塬	中海拔侵蚀堆积黄土塬、黄土覆盖的小起伏中山、黄土覆盖的中起伏中山	包括耀州区、宜君县、白水县等大部分地区，相对高差1455 m，地面平均坡度12.57°

通过分析对比图5.14和表5.13可以发现，Ⅰ区地貌类型主要以黄土峁梁为主，次要地貌类型是黄土覆盖中山，还有小部分是黄土高丘陵和黄土斜梁；梁、峁区地貌发育成熟，地表受到侵蚀切割严重，地表极其破碎；东北部属于黄土覆盖的中山，地势起伏大，地表破碎严重；以西地区为中海拔的半固定沙丘。Ⅱ区的地貌类型以黄土覆盖小起伏中山为主，为吕梁山北部的余脉，次要地貌类型是黄土峁梁，还有小部分黄土覆盖中起伏中山。Ⅲ区地貌类型以黄土峁为主，次要地貌类型是黄土峁梁；该地区侵蚀切割严重，地表支离破碎。Ⅳ区地貌类型以黄土覆盖中起伏中山为主，次要地貌类型是黄土梁塬，还有小部分黄土峁梁和黄土覆盖的小起伏中山。Ⅴ区地貌类型主要以黄土峁梁为主，次要地貌类型有黄土覆盖中起伏中山，还有小部分黄土覆盖小起伏中山和黄土斜梁。Ⅵ区地貌类型主要以黄土斜梁为主，次要地貌类型有黄土峁梁和黄土梁塬，还有小部分黄土覆盖的中起伏中山。Ⅶ区地貌类型主要以黄土斜梁为主，次要地貌类型有黄土峁梁、黄土梁塬和黄土塬，还有小部分黄土峁。Ⅷ区地貌类型主要以黄土覆盖中起伏中山为主，次要地貌类型有黄土斜梁和黄土覆盖小起伏中山。Ⅸ区地貌类型主要以黄土峁梁为主，次要地貌类型黄土塬和黄土斜梁。Ⅹ区地貌类型主要以黄土塬为主，在黄土塬区，流水对坡面的侵蚀作用明显，塬区平坦的地形被直接切割成相对高差较大的深沟；次要地貌类型有黄土覆盖小起伏中山和黄土覆盖中起伏中山等类型。

我们进一步分析和研究了不同黄土地貌分区内流域信息树在形态结构上的差异，以检测流域信息树对不同黄土地貌类型的映射情况和辨识度。为了消除地貌分区边界效应的影响，我们对地貌分区进行负缓冲区分析，负缓冲距离为10 km。图5.15为流域信息树形态结构区域差异性分析样本点的空间分布示意图。

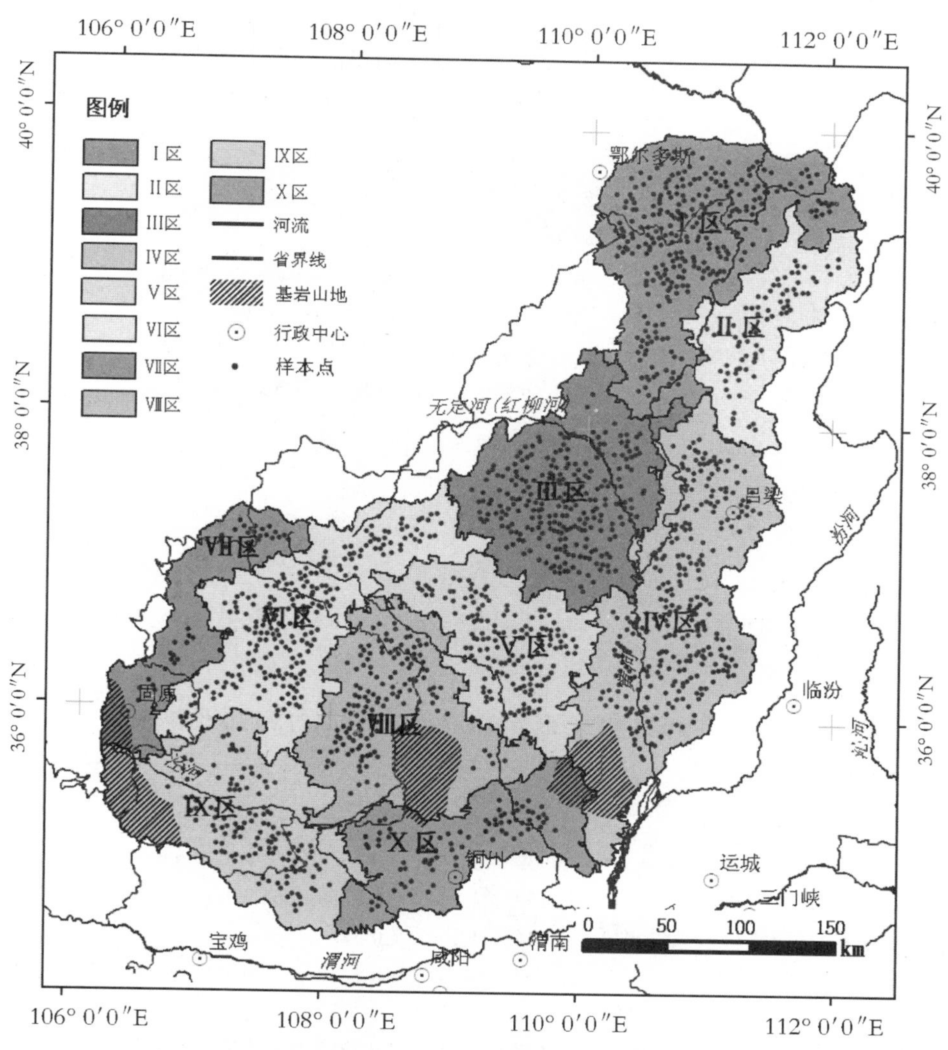

图 5.15　流域信息树形态结构区域差异性分析样本点的空间分布示意图

我们还利用 ArcGIS 软件的 Spatial Join 工具对每个分区进行指标值分类汇总，计算流域信息树各形态结构指标在各分区内的平均值及其平均值 95% 的置信区间，结果如图 5.16 和表 5.14 所示。

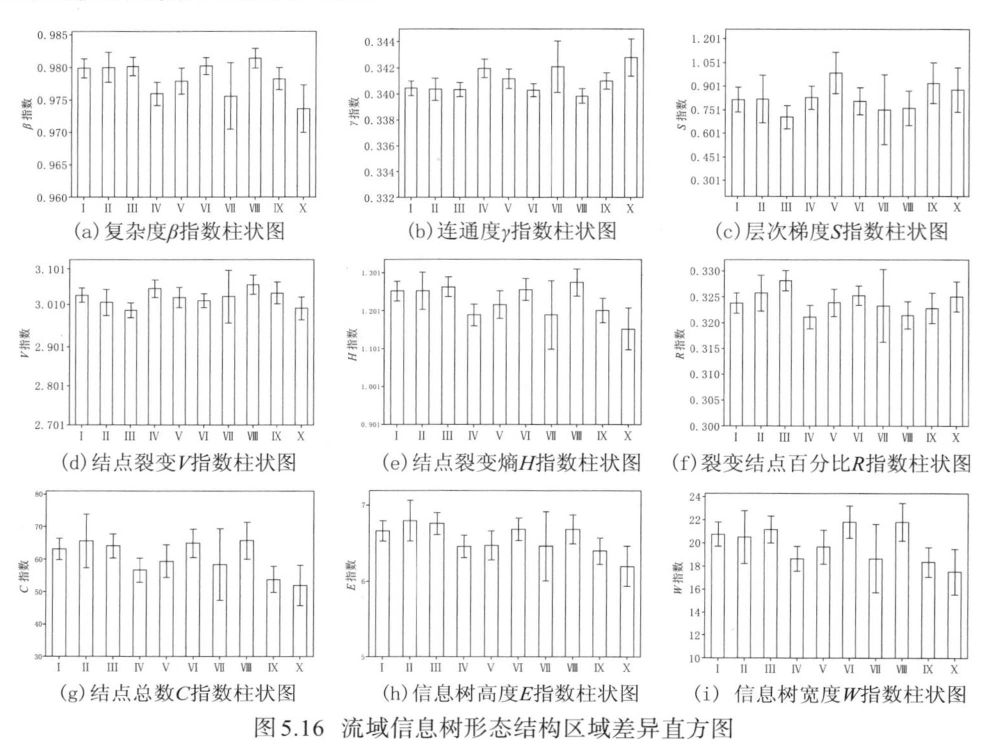

(a)复杂度β指数柱状图　(b)连通度γ指数柱状图　(c)层次梯度S指数柱状图

(d)结点裂变V指数柱状图　(e)结点裂变熵H指数柱状图　(f)裂变结点百分比R指数柱状图

(g)结点总数C指数柱状图　(h)信息树高度E指数柱状图　(i) 信息树宽度W指数柱状图

图5.16　流域信息树形态结构区域差异直方图

表5.14　流域信息树各形态结构指标在各分区的平均值统计表

分区编号	β指数	γ指数	S指数	V指数	H指数	R指数	C指数	E指数	W指数
Ⅰ区	0.9799	0.3405	0.8169	3.0339	1.2530	0.3238	63.0900	6.6595	20.7420
Ⅱ区	0.9800	0.3404	0.8198	3.0152	1.2541	0.3258	65.5300	6.7950	20.4700
Ⅲ区	0.9802	0.3403	0.7051	2.9944	1.2641	0.3281	64.0300	6.7557	21.1560
Ⅳ区	0.9759	0.3420	0.8291	3.0507	1.1896	0.3212	56.6200	6.4542	18.6340
Ⅴ区	0.9779	0.3412	0.9856	3.0276	1.2174	0.3239	59.3700	6.4710	19.6390
Ⅵ区	0.9802	0.3403	0.8064	3.0193	1.2572	0.3253	64.8500	6.6826	21.8040
Ⅶ区	0.9756	0.3421	0.7520	3.0299	1.1896	0.3233	58.3000	6.4590	18.6500
Ⅷ区	0.9814	0.3399	0.7615	3.0603	1.2761	0.3214	65.6500	6.6809	21.7870
Ⅸ区	0.9782	0.3410	0.9211	3.0390	1.2015	0.3228	53.7700	6.3969	18.3280
Ⅹ区	0.9737	0.3428	0.8802	2.9996	1.1527	0.3251	51.9400	6.1950	17.4940

通过分析对比图5.16和表5.14可以发现，Ⅰ区、Ⅱ区、Ⅲ区、Ⅵ区四个分区在β、γ、H、E指数间都没有表现出明显的差异；但是，Ⅰ区、Ⅱ区、Ⅲ区两两间在R与V指数上都有较为明显的差异；Ⅱ区、Ⅲ区在S指数上同样也差异显著；Ⅲ区和

Ⅳ区在9个指标上都有较为显著的差异，各个指标都反映这两个分区的差异性较大；Ⅳ区、Ⅴ区、Ⅵ区在β、γ、S、W指数上两两间都有较为明显的差异，而在V指数上三者差别则不大；Ⅴ区和Ⅵ区在S、W两个指数上表现出较大的差异；Ⅳ区和Ⅵ区表现出较大差异性的指标是H、C，但这两个地区在S指数上差异不大；Ⅵ区和Ⅶ区在β、γ、H、C、W指数上都表现出较为明显的差异；Ⅶ区、Ⅷ区、Ⅸ区在β、γ、C指数上有明显的差异；Ⅷ区和Ⅸ区在H、W、S指数上均有明显差异；Ⅸ区和Ⅹ区在β、γ、H三个指数上差异明显。各形态结构指标在不同分区上各具差异，在一定程度上表明了黄土高原重点水土流失区的地貌格局特征。为了深入分析各地貌分区间的相似性和差异程度，我们利用Minitab软件，对表5.14中的数据进行标准化处理，采用Euclidean距离并用最短距离法进行聚类分析，结果如图5.17所示。

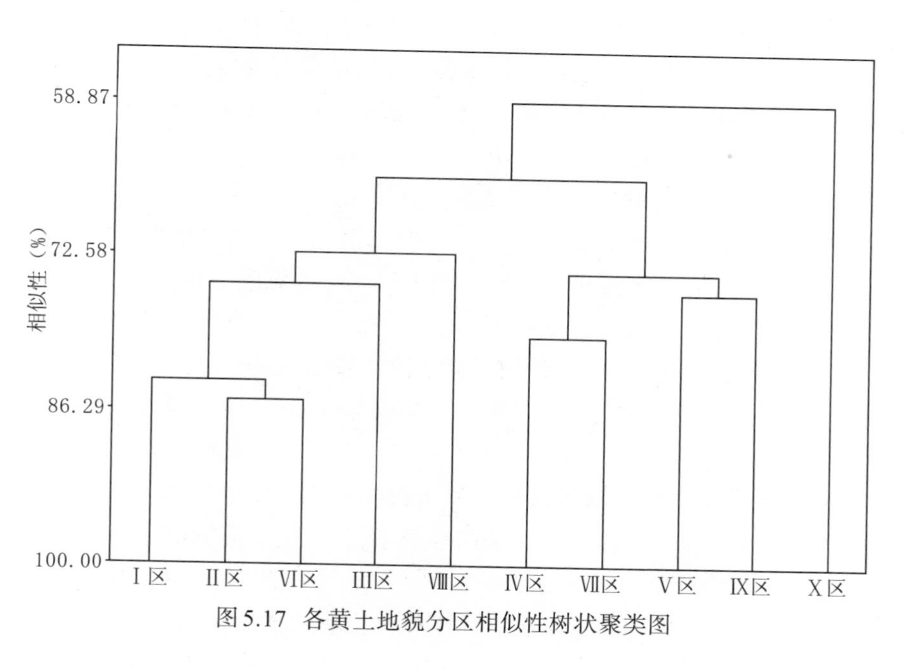

图5.17　各黄土地貌分区相似性树状聚类图

通过图5.17可以发现划分出的地貌分区有如下特点：Ⅰ区、Ⅱ区、Ⅵ区、Ⅲ区较为相似；Ⅳ区、Ⅶ区、Ⅴ区、Ⅸ区较为相似；Ⅷ区与Ⅹ区独自为一区。这主要是由于Ⅰ区、Ⅱ区、Ⅵ区和Ⅲ区在空间上是相邻的而且地貌类型比较一致，均为水土流失比较严重的梁峁地区，梁峁的面积占到60%以上；Ⅳ区、Ⅶ区、Ⅴ区、Ⅸ区尽管在空间上不都是相连的，但均位于山脉附近，Ⅳ区与Ⅴ区位于六盘山东部，Ⅶ区与Ⅸ区位于吕梁山西部，各地貌分区大部分为黄土梁；Ⅷ区地貌主要为黄土覆盖中山，中部有黄龙山，使得该区域地貌不同于其他地区，为一个独特的地貌分区；X区处于重点水土流失区的南部，属于黄土塬区，塬面地形平缓，在其塬面上有诸多大沟深切塬面，同时该区域受西南季风影响，植被覆盖度较好，土壤侵蚀较少。从总体上看，10个分区在地貌类型和表达的信息方面，各具特点，在一定程度上反映了重点水土流失区的地貌格局特征。

5.3.3 重点水土流失区流域信息树结构信息的空间分异

流域信息树流域地貌形态区域差异性分析是指从定量分析的角度，研究黄土地貌的变化对流域信息树形态结构指标的影响程度，其实质是通过流域地貌形态区域差异性分析来检测流域信息树对流域地貌的辨识度和解释贴合情况。流域与其子流域是按照一定规则组成的一个整体，它们不是偶然、简单地结合到一起，而是在相互制约和相互影响下形成的一个具有自组织结构的自然综合体。同时，流域与其子流域的结构组成也绝不是纯属偶然性的杂乱无章的组合，每个流域与其对应的子流域均通过其内部能量流和物质流的交换及传输，形成了具有一定序列结构且在空间分布上相互联系的动态系统，它们的一切外在表现都是形成流域与其子流域的内外营力共同作用的结果。流域与其子流域的空间关系反映了流域地貌被冲刷或侵蚀后的地形层次组织的骨架，表现出了流域地形所特有的多重空间尺度特征。即在一个流域的不同级别子流域内都对应有相应级别的子流域，子流域的流水汇入高一级的子流域，更高一级的子流域上有高一级的子流域的流水汇入，如此反复，形成一个具有严密层次等级结构的系统。在同一流域内，高一等级的支流与低一等级的支流之间具有完全包含与完全被包含的关系，其是一种具有自上而下有序组织的“树形”等级系统。高等级支流对低等级分支有制约作用，低等级分支为高等级支流提供机制和功能(Wu，1999；邬建国，2004)。由于流域与其子流域是一个与汇流累积相关的等级系统，决定了流域信息树形态结构本身具有等级嵌套的特点。流域的等级特性是与生俱来的，流域信息树外在的形态结构是对这种等级特性的定量表达，是研究流域形成及发育规律的基础。

流域信息树的量化表达是定量分析流域信息树的特征与进一步建模的基础，也是本研究需要解决的关键问题之一。量化表达参数包括复杂度β指数、连通度γ指数、层次梯度S指数、结点裂变V指数、结点裂变熵H指数等都具有特定的地学意义，且流域信息树的各个形态特征参数都具有计算简洁、易于理解的特性。

在进行黄土流域地貌形态区域差异性分析时，分别采用以平均值为测度的方差分析和以中值为测度的Kruskal-Wallis秩和检验对同一问题，从不同角度分别进行检验，以保证推论结果的可靠性。方差分析是用于两个及两个以上变量间平均数差别的显著性检验。它是通过分析研究不同来源的变异对总变异的贡献大小,从而确定可控因素对研究结果影响力的大小。方差分析是以数据的平均值作为数据中心位置的测度,可以发现数据中的细小变动,但其缺点是对极端值异常敏感(何晓群,2008)。而中位数却对极端值不敏感,是数据中心位置的稳定测度。非参数检验是一种与总体分布状况无关的检验方法,它不依赖于总体分布的形式,在使用时不需要考虑被研究对象的统计分布类型和参数。非参数检验非常适合样本量比较小或者是不清楚具体统计分布的数据。当样本观测值的总体分布类型未知或知之甚少,无法肯定其性质和不具备参数检验的应用条件时,非参数检验极具应用价值。因为秩统计量的分布与总体分布无关,可以摆脱总体分布的束缚,在比较两个以上的总体时,广泛使用Kruskal-Wallis秩和检验进行分析,它是对两个以上样本进行比较的非参数检验方法。实质上,它是两个样本的Wilcoxon方法在多于两个样本时的推广(王星,2005;吴喜之,2006)。

本节选取黄土高原的重点水土流失区下不同的黄土地貌类型为研究对象,研究样区如图3.1所示,以黄土完整台塬、黄土残塬等15种黄土地貌类型区为基本数据源,分别建立流域信息树样本集并计算相应的复杂度β、连通度γ、层次梯度S、结点裂变V、结点裂变熵H等流域信息树形态特征指标,且分别用方差分析和非参数Kruskal-Wallis秩和检验对流域信息树的形态特征进行差异性分析,探求不同黄土流域地貌类型区下流域信息树形态结构的变异信息。

1. 复杂度β指数区域差异性分析

我们在样区内15种不同黄土地貌类型区上分别构建流域信息树,并计算出流域信息树的复杂度β指数,以分析15种地貌类型的黄土流域地貌形态区域差异性。图5.18是15种地貌类型区上流域信息树形态指标复杂度β指数的箱线图。

从图5.18中可以直观地看出,15种黄土地貌类型区上流域信息树的复杂度β指数具有差异。为了进一步从统计学上分析复杂度β指数是否具有显著差异,我们对15种黄土地貌类型区上流域信息树的复杂度β指数分别进行以平均值为测度的方差分析和以中值为测度的Kruskal-Wallis秩和检验,检验结果如表5.15和表5.16所示。

表5.15　复杂度β指数方差分析

来源	自由度	*SS*	*MS*	*F*	*P*
地貌类型	14	0.0374	0.0027	4.54	0.000
误差	120	0.0705	0.0006		
合计	134	0.1079			

注:S=0.0242,R^2=34.64%,R^2(调整)=27.01%。

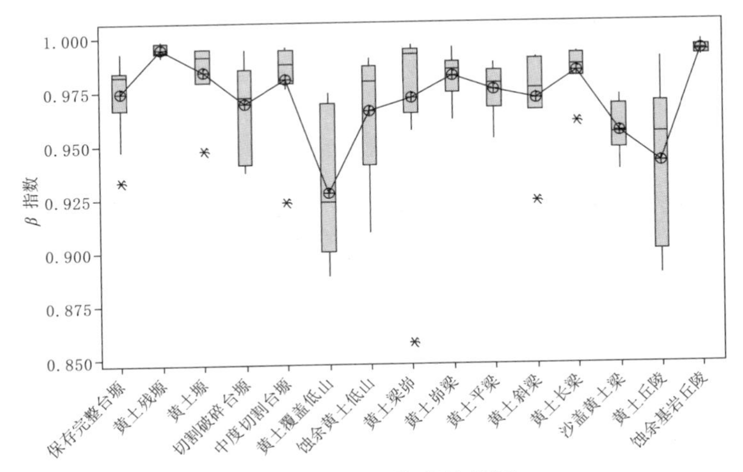

图5.18 复杂度β指数箱线图

表5.16 复杂度β指数Kruskal-Wallis差异性检验

地貌类型	N	中位数	平均秩	Z值
保存完整台塬	15	0.9821	63.5	-0.48
黄土残塬	7	0.9935	122.7	3.80
黄土塬	7	0.9911	94.7	1.86
切割破碎台塬	7	0.9722	58.1	-0.69
中度切割台塬	8	0.9874	87.1	1.43
黄土覆盖低山	7	0.9231	20.1	-3.32
蚀余黄土低山	21	0.9792	57.0	-1.40
黄土梁峁	8	0.9916	89.9	1.63
黄土峁梁	7	0.9844	76.6	0.60
黄土平梁	7	0.9778	57.9	-0.70
黄土斜梁	7	0.9756	59.1	-0.62
黄土长梁	7	0.9861	82.0	0.97
沙盖黄土梁	7	0.9545	32.5	-2.47
黄土丘陵	11	0.9545	32.5	-3.14
蚀余基岩丘陵	9	0.9923	114.6	3.70

注：$H = 63.85$，$DF = 14$，$P = 0.000$；
$H = 63.86$，$DF = 14$，$P = 0.000$（已对结调整）。

从表5.15的方差分析和表5.16的Kruskal-Wallis秩和检验可以发现，其显著性P值远小于0.050，表明15种地貌类型区上流域信息树的复杂度具有显著差异。我们计算15种黄土地貌类型区上流域信息树的复杂度β指数的平均值、95%置信区间、偏度、峰度等描述统计量，结果如表5.17所示。

表5.17　不同地貌类型下的复杂度β指数统计量

统计量	样本数	均值	中值	95%置信区间	标准差	偏度	峰度	变异系数
保存完整台塬	15	0.9746	0.9821	(0.9650, 0.9841)	0.0173	–1.3569	1.0451	0.0177
黄土残塬	7	0.9947	0.9935	(0.9923, 0.9971)	0.0026	0.1517	–1.8885	0.0026
黄土塬	7	0.9841	0.9911	(0.9683, 0.9999)	0.0171	–2.1311	4.6806	0.0174
切割破碎台塬	7	0.9688	0.9722	(0.9486, 0.9890)	0.0218	–0.6362	–1.1441	0.0225
中度切割台塬	8	0.9802	0.9874	(0.9602, 1.0002)	0.0239	–2.4572	6.3536	0.0244
黄土覆盖低山	7	0.9274	0.9231	(0.8959, 0.9589)	0.0341	–0.4300	–1.6400	0.0367
蚀余黄土低山	21	0.9656	0.9792	(0.9528, 0.9784)	0.0281	–0.9860	–0.7059	0.0291
黄土梁峁	8	0.9712	0.9916	(0.9312, 1.0112)	0.0478	–2.4794	6.2685	0.0493
黄土峁梁	7	0.9813	0.9844	(0.9712, 0.9913)	0.0109	–0.9583	0.8124	0.0111
黄土平梁	7	0.9749	0.9778	(0.9639, 0.9858)	0.0119	–1.2592	1.5059	0.0122
黄土斜梁	7	0.9708	0.9756	(0.9497, 0.9919)	0.0228	–1.8656	4.0245	0.0235
黄土长梁	7	0.9833	0.9861	(0.9730, 0.9935)	0.0111	–1.9275	4.1042	0.0112
沙盖黄土梁	7	0.9555	0.9545	(0.9440, 0.9669)	0.0124	–0.0113	–1.1477	0.0130
黄土丘陵	11	0.9413	0.9545	(0.9175, 0.9651)	0.0354	–0.2079	–1.4609	0.0376
蚀余基岩丘陵	9	0.9927	0.9923	(0.9907, 0.9946)	0.0025	0.6942	–0.5534	0.0025

从表5.17可以看出，黄土残塬和蚀余基岩丘陵这两种地貌类型区上，流域信息树的复杂度β指数值的均值和中值在15种地貌类型中较大；黄土覆盖低山、黄土丘陵和沙盖黄土梁这三种地貌类型区上，流域信息树的复杂度β指数值的均值和中值较小，究其原因是由于黄土地貌类型区上流域信息树的复杂性与地形地貌的破碎程度有关。地形地貌越破碎，流域信息树的复杂性越强，β值越大。尽管保存完整台塬和黄土平梁之间的β值平均值比较接近，但从峰度比较来看存在差异，即β指数样本数据分布的集中程度不同。为了更加直观地反映不同地貌类型区复杂度β指数空间上的差异，我们绘制出流域信息树复杂度β指数的分段专题图，结果如图5.19所示。

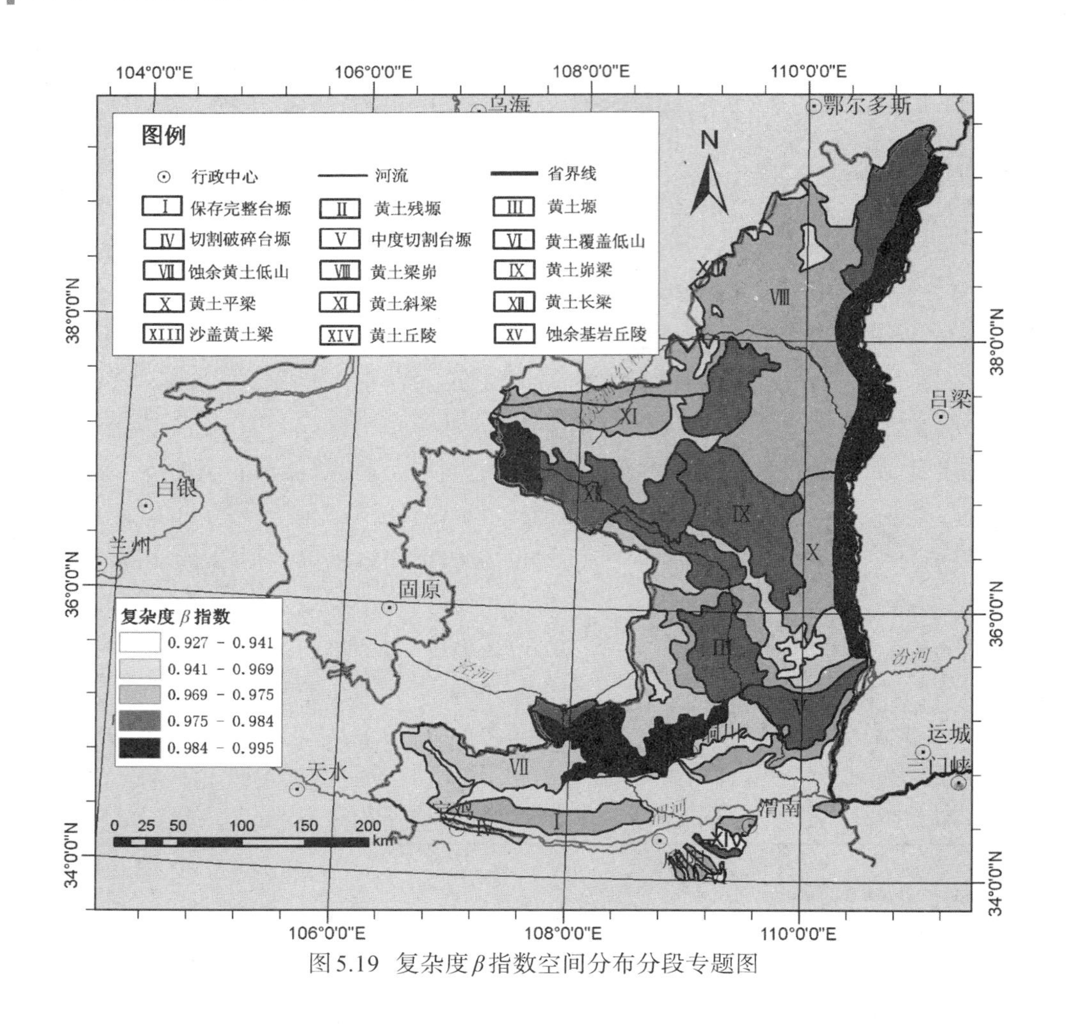

图5.19　复杂度β指数空间分布分段专题图

为了进一步分析流域信息树复杂度β指数的空间分布模式，我们对15种黄土地貌类型区上的流域信息树的复杂度β指数进行全局空间自相关分析。通过计算，其全局Moran's I值为-0.030，Z值为-0.010，概率P值大于0.000，表明复杂度β指数在空间上呈现出随机分布的态势。

2. 连通度γ指数区域差异性分析

我们在样区内15种不同黄土地貌类型区上分别构建流域信息树，并计算出流域信息树的连通度γ指数，以分析15种地貌类型区的黄土流域地貌形态区域差异性。图5.20是15种地貌类型区上流域信息树形态指标连通度γ指数的箱线图。

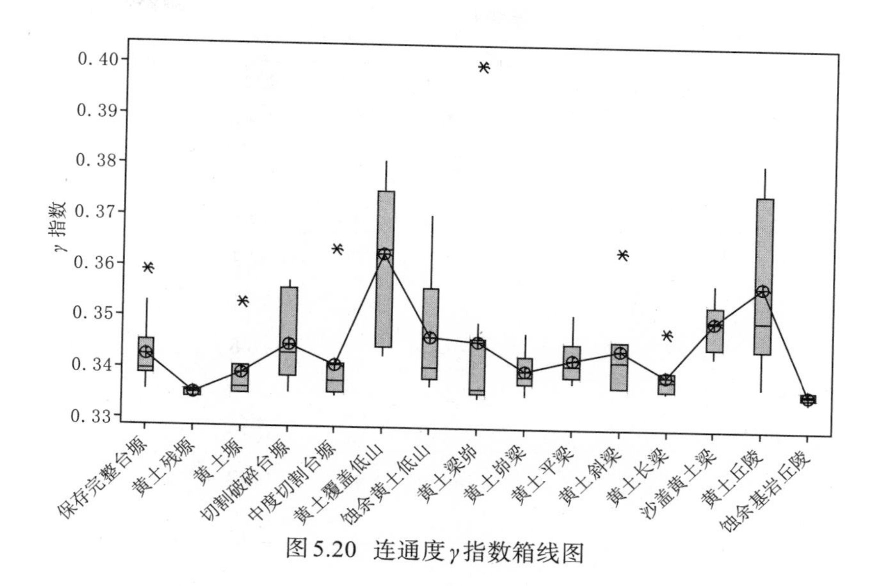

图 5.20　连通度γ指数箱线图

从图 5.20 中我们可以直观地看出，15 种黄土地貌类型区上流域信息树的连通度γ指数具有差异性。我们对 15 种黄土地貌类型区上流域信息树的连通度γ指数分别进行方差分析和 Kruskal-Wallis 秩和检验，以进一步从统计学上分析连通度γ指数的区域差异性，结果如表 5.18 和表 5.19 所示。

表 5.18　连通度γ指数方差分析

来源	自由度	*SS*	*MS*	*F*	*P*
地貌类型	14	0.0063	0.0004	4.16	0.000
误差	120	0.0129	0.0001		
合计	134	0.0192			

注：S= 0.0104，R^2=32.65%，R^2（调整）=24.79%。

表 5.19　连通度γ指数 Kruskal-Wallis 差异性检验

地貌类型	*N*	中位数	平均秩	*Z* 值
保存完整台塬	15	0.3395	72.5	0.48
黄土残塬	7	0.3355	13.3	–3.80
黄土塬	7	0.3364	41.3	–1.86
切割破碎台塬	7	0.3431	77.9	0.69
中度切割台塬	8	0.3376	48.8	–1.43

(续表)

地貌类型	N	中位数	平均秩	Z值
黄土覆盖低山	7	0.3636	115.9	3.32
蚀余黄土低山	21	0.3406	79.0	1.40
黄土梁峁	8	0.3362	46.1	–1.63
黄土峁梁	7	0.3387	59.4	–0.60
黄土平梁	7	0.3411	78.1	0.70
黄土斜梁	7	0.3419	76.8	0.61
黄土长梁	7	0.3381	54.0	–0.97
沙盖黄土梁	7	0.3500	103.5	2.47
黄土丘陵	11	0.3500	103.5	3.14
蚀余基岩丘陵	9	0.3359	21.6	–3.69

注：$H = 63.76$，$DF = 14$，$P = 0.000$；
$H = 63.77$，$DF = 14$，$P = 0.000$（已对结调整）。

从表5.18的方差分析和表5.19的Kruskal-Wallis秩和检验可以发现，其显著性P值都小于0.050，表明15种黄土地貌类型区上流域信息树的连通度具有显著差异。我们计算15种黄土地貌类型区上流域信息树的连通度γ指数的平均值、95%置信区间、偏度、峰度等描述统计量，结果如表5.20所示。

表5.20　不同地貌类型下的连通度γ指数统计量

统计量	样本数	均值	中值	95%置信区间	标准差	偏度	峰度	变异系数
保存完整台塬	15	0.3425	0.3395	(0.3388, 0.3462)	0.0067	1.4624	1.4033	0.0196
黄土残塬	7	0.3351	0.3355	(0.3343, 0.3360)	0.0009	–0.1431	–1.8802	0.0026
黄土塬	7	0.3390	0.3364	(0.3330, 0.3450)	0.0064	2.1935	4.9667	0.0190
切割破碎台塬	7	0.3448	0.3431	(0.3369, 0.3526)	0.0085	0.7218	–1.1067	0.0246
中度切割台塬	8	0.3406	0.3376	(0.3326, 0.3486)	0.0096	2.5365	6.7054	0.0281
黄土覆盖低山	7	0.3627	0.3636	(0.3485, 0.3768)	0.0153	0.2900	–1.7200	0.0422
蚀余黄土低山	21	0.3463	0.3406	(0.3411, 0.3515)	0.0115	1.0560	–0.5103	0.0331
黄土梁峁	8	0.3455	0.3362	(0.3267, 0.3644)	0.0225	2.6047	6.9193	0.0652
黄土峁梁	7	0.3399	0.3387	(0.3362, 0.3436)	0.0040	1.0430	1.0040	0.0117
黄土平梁	7	0.3423	0.3411	(0.3381, 0.3464)	0.0045	1.3428	1.7455	0.0131

（续表）

统计量	样本数	均值	中值	95%置信区间	标准差	偏度	峰度	变异系数
黄土斜梁	7	0.3440	0.3419	（0.3355，0.3526）	0.0092	2.0091	4.5313	0.0268
黄土长梁	7	0.3392	0.3381	（0.3354，0.3430）	0.0041	1.9884	4.3390	0.0120
沙盖黄土梁	7	0.3497	0.3500	（0.34513，0.3544）	0.0050	0.0880	−1.0848	0.0143
黄土丘陵	11	0.3566	0.3500	（0.3462，0.3671）	0.0155	0.3618	−1.4230	0.0436
蚀余基岩丘陵	9	0.3358	0.3359	（0.3352，0.3365）	0.0009	-0.6805	−0.5808	0.0026

从表5.20可以看出，黄土覆盖低山、黄土丘陵和沙盖黄土梁这三种地貌类型连通度γ指数值的均值和中值在15种地貌类型中较大；黄土残塬和蚀余基岩丘

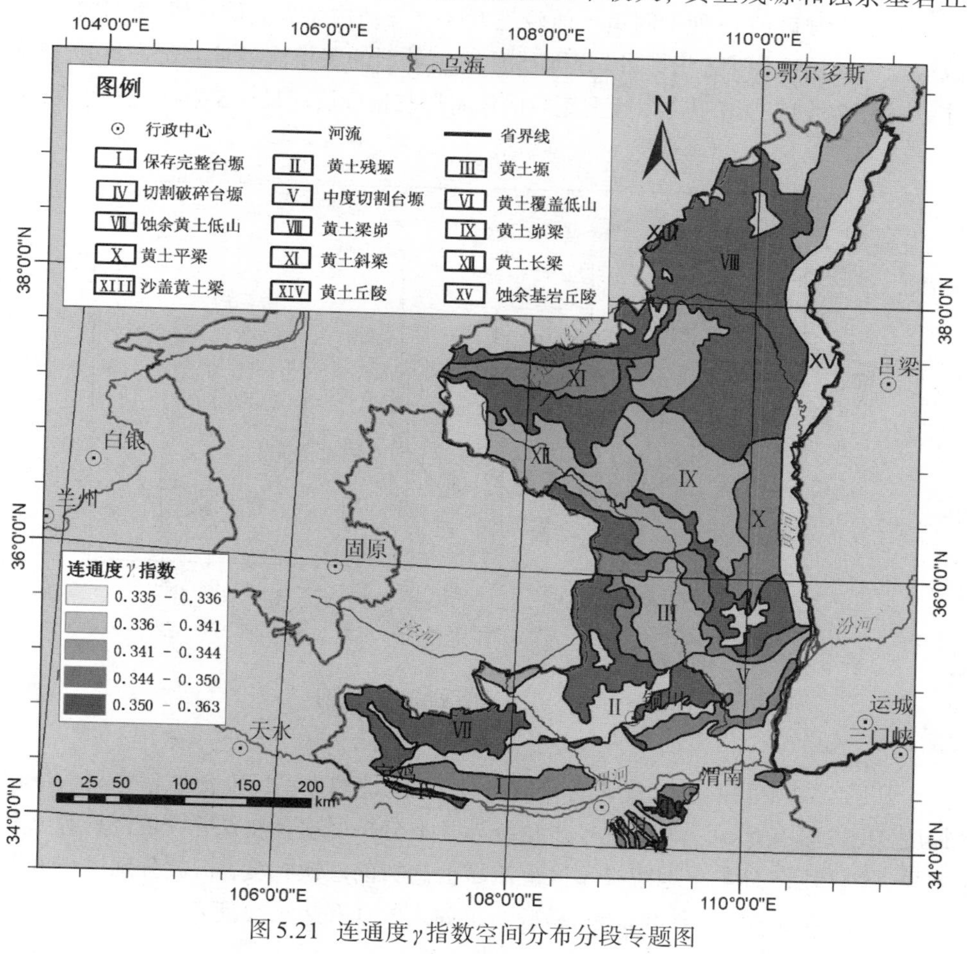

图 5.21　连通度γ指数空间分布分段专题图

陵这两种地貌类型连通度γ指数值的均值和中值在15种地貌类型中较小，究其原因，和复杂度β指数一样，也是由于地貌类型区上流域信息树的连通度和地形地貌的破碎程度有关。地形地貌越破碎，流域信息树的连通性越低，γ值越小，尽管沙盖黄土梁和黄土丘陵的中值比较相近，但是，从偏度等指标来看，它们之间还是存在差异。为了更加直观地反映不同地貌类型区连通度γ指数空间上的差异，我们绘制出流域信息树连通度γ指数的分段专题图，结果如图5.21所示。

为了进一步分析流域信息树连通度γ指数的空间分布模式，我们对15种黄土地貌类型区上的流域信息树的连通度γ指数进行全局空间自相关分析。通过计算，其全局Moran's I值为–0.030，Z值为–0.050，概率P值大于0.010；同复杂度β指数一样，连通度γ指数值在空间上呈现出随机分布的态势。

3. 层次梯度S指数区域差异性分析

我们在样区内15种不同黄土地貌类型区上分别构建流域信息树，并计算出流域信息树的层次梯度S指数，以分析15种地貌类型的黄土流域地貌形态区域差异性。图5.22是15种地貌类型区上流域信息树形态指标层次梯度S指数的箱线图。

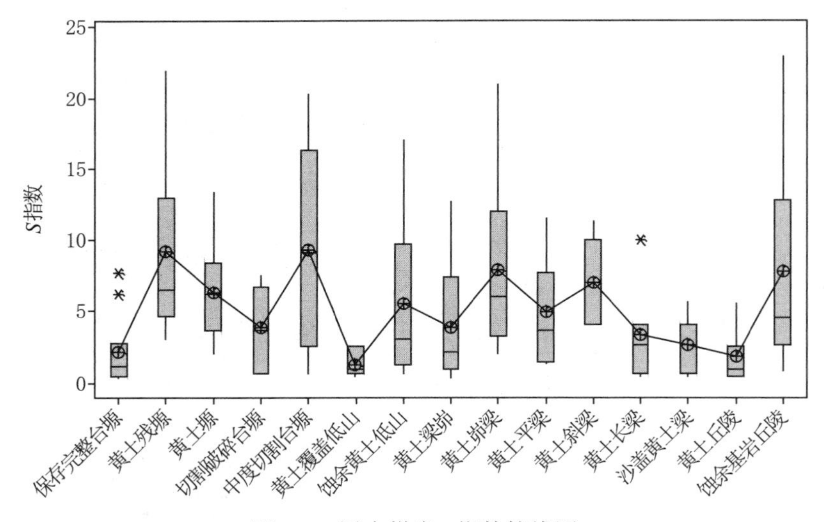

图5.22　层次梯度S指数箱线图

从图5.22中我们可以直观地看出，15种黄土地貌类型区上流域信息树的层次梯度S指数具有差异。为了进一步从统计学上分析层次梯度S指数是否具有显著差异，我们对15种黄土地貌类型区上流域信息树的层次梯度S指数分别进行方差分析和Kruskal-Wallis秩和检验，检验结果如表5.21和表5.22所示。

表5.21　层次梯度S指数方差分析

来源	自由度	SS	MS	F	P
地貌类型	14	848.6000	60.6000	2.98	0.001
误差	120	2443.4000	20.4000		
合计	134	3292.0000			

注：S=4.5120，R^2=25.78%，R^2（调整）=17.12%。

表5.22　层次梯度S指数Kruskal-Wallis差异性检验

地貌类型	N	中位数	平均秩	Z值
保存完整台塬	15	1.200	41.2	−2.82
黄土残塬	7	6.500	102.6	2.41
黄土塬	7	6.200	89.4	1.48
切割破碎台塬	7	3.600	66.3	−0.12
中度切割台塬	8	9.133	94.3	1.96
黄土覆盖低山	7	1.000	31.3	−2.55
蚀余黄土低山	21	3.000	72.8	0.61
黄土梁峁	8	2.100	56.8	−0.84
黄土峁梁	7	6.000	91.6	1.64
黄土平梁	7	3.667	74.9	0.48
黄土斜梁	7	7.000	98.2	2.10
黄土长梁	7	2.667	57.2	−0.75
沙盖黄土梁	7	2.667	51.6	−1.14
黄土丘陵	11	1.000	37.5	−2.69
蚀余基岩丘陵	9	4.500	85.7	1.41

注：H = 42.62，DF = 14，P = 0.000；
　　H = 42.70，DF = 14，P = 0.000（已对结调整）。

从表5.21的方差分析和表5.22的Kruskal-Wallis秩和检验可以发现，其显著性P值都小于0.050，表明15种黄土地貌类型区上流域信息树的层次梯度具有显著差异。表5.23显示了15种地貌类型区上流域信息树形态结构指标层次梯度S指数的平均值、偏度、峰度等描述统计量。

表5.23 不同地貌类型下的层次梯度S指数统计量

统计量	样本数	均值	中值	95%置信区间	标准差	偏度	峰度	变异系数
保存完整台塬	15	2.1689	1.2000	(0.9530,3.3850)	2.1956	1.6585	2.3568	1.0123
黄土残塬	7	9.2024	6.5000	(3.1300,15.2700)	6.5645	1.4423	1.9322	0.7133
黄土塬	7	6.3357	6.2000	(2.8600,9.8100)	3.7604	1.0983	1.4543	0.5935
切割破碎台塬	7	3.8000	3.6000	(1.3300,6.2700)	2.6681	0.1537	−1.2712	0.7021
中度切割台塬	8	9.2729	9.1333	(3.3000,15.2500)	7.1490	0.4967	−0.8472	0.7710
黄土覆盖低山	7	1.2980	1.1250	(0.5040,2.0910)	0.8580	0.9000	−1.1700	0.6610
蚀余黄土低山	21	5.5016	3.0000	(3.2200,7.7900)	5.0219	0.8492	−0.4035	0.9128
黄土梁峁	8	3.8771	2.1000	(0.1400,7.6100)	4.4682	1.5183	1.0890	1.1525
黄土峁梁	7	7.9167	6.0000	(1.7500,14.0800)	6.6651	1.5091	2.0767	0.8419
黄土平梁	7	4.8929	3.6667	(1.3900,8.4000)	3.7880	0.8942	−0.1567	0.7742
黄土斜梁	7	6.9881	7.0000	(4.2100,9.7600)	2.9986	0.3038	−1.7948	0.4291
黄土长梁	7	3.3476	2.6667	(0.3300,6.3700)	3.2639	1.6571	3.1764	0.9750
沙盖黄土梁	7	2.6071	2.6667	(0.8300,4.3840)	1.9213	0.4241	−0.9718	0.7369
黄土丘陵	11	1.8485	1.0000	(0.6970,3.0000)	1.7134	1.2952	0.7384	0.9269
蚀余基岩丘陵	9	7.7767	4.5000	(1.9400,13.6100)	7.5950	1.3932	0.8864	0.9766

从表5.23可以看出,黄土残塬和蚀余基岩丘陵这两种地貌类型层次梯度值的均值和中值在15种地貌类型中较大,黄土覆盖低山、黄土丘陵和沙盖黄土梁这三种地貌类型层次梯度值的均值和中值在15种地貌类型中较小,其原因是层次梯度S指数和地形地貌的流域逐级破碎程度有关。流域地貌中各尺度流域破碎程度越高,流域信息树的延展性越好,S值越大。为了更加直观地反映不同地貌类型区层次梯度S指数空间上的差异,我们绘制出流域信息树层次梯度S指数的分段专题图,结果如图5.23所示。

为了进一步分析流域信息树层次梯度S指数的空间分布模式,我们对15种黄土地貌类型区上的流域信息树的层次梯度S指数进行全局空间自相关分析。通过计算,Moran's I值为0.120,Z值为3.45,概率P值小于0.050;与复杂度β指数和连通度γ指数不同,层次梯度S指数在空间上呈现出集聚分布的态势。

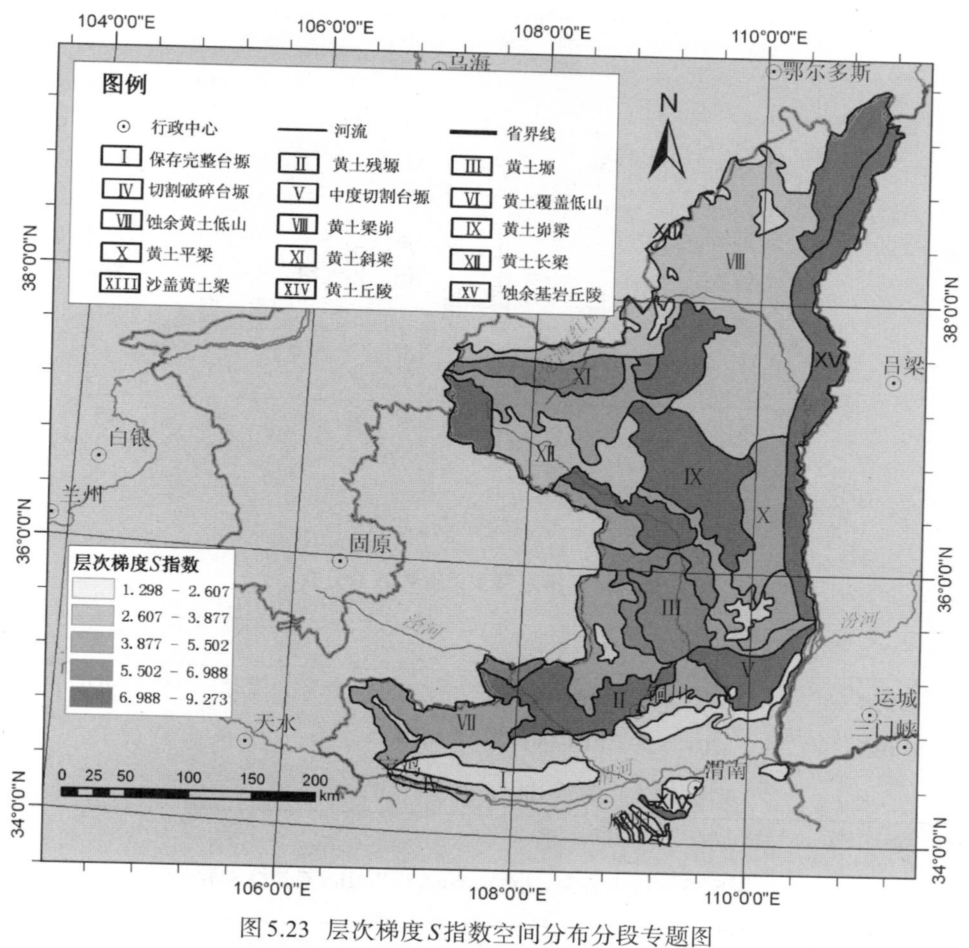

图 5.23　层次梯度 S 指数空间分布分段专题图

4. 结点裂变 V 指数区域差异性分析

在样区内15种不同黄土地貌类型区上分别构建流域信息树,并计算出流域信息树的结点裂变 V 指数,以分析15种地貌类型的黄土流域地貌形态区域差异性。图5.24是15种地貌类型区上流域信息树形态指标结点裂变 V 指数的箱线图。

从图5.24中我们可以直观地看出,15种黄土地貌类型区上流域信息树的结点裂变 V 指数具有差异。为了进一步从统计学上分析结点裂变 V 指数是否具有显著差异,我们对15种黄土地貌类型区上流域信息树的结点裂变 V 指数分别进行方差分析和Kruskal-Wallis秩和检验,结果如表5.24和表5.25所示。

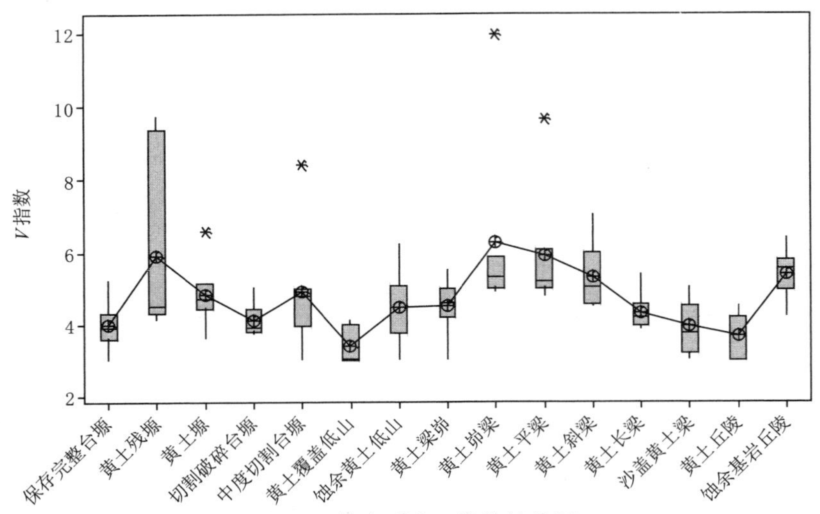

图5.24 结点裂变V指数箱线图

表5.24 结点裂变V指数方差分析

来源	自由度	SS	MS	F	P
地貌类型	14	84.3600	6.0300	4.42	0.000
误差	120	163.4500	1.3600		
合计	134	247.8100			

注：S=1.1670，R^2=34.04%，R^2（调整）=26.35%。

表5.25 结点裂变V指数Kruskal-Wallis差异性检验

地貌类型	N	中位数	平均秩	Z值
保存完整台塬	15	3.909	45.3	−2.38
黄土残塬	7	4.484	84.0	1.11
黄土塬	7	4.684	79.8	0.82
切割破碎台塬	7	3.889	48.8	−1.33
中度切割台塬	8	4.781	75.8	0.58
黄土覆盖低山	7	3.000	19.8	−3.35
蚀余黄土低山	21	4.467	68.2	0.03
黄土梁峁	8	4.577	70.6	0.19
黄土峁梁	7	5.286	111.2	3.00
黄土平梁	7	5.167	108.6	2.82

（续表）

地貌类型	*N*	中位数	平均秩	*Z*值
黄土斜梁	7	5.000	99.0	2.15
黄土长梁	7	4.176	59.1	−0.62
沙盖黄土梁	7	3.750	44.9	−1.61
黄土丘陵	11	3.667	31.9	−3.20
蚀余基岩丘陵	9	5.556	106.6	3.07

注：$H = 60.99$，$DF = 14$，$P = 0.000$；
$H = 61.11$，$DF = 14$，$P = 0.000$（已对结调整）。

从表5.24的方差分析和表5.25的Kruskal-Wallis秩和检验可以发现，其显著性*P*值都小于0.050，表明15种黄土地貌类型区上流域信息树的结点裂变具有显著差异。表5.26显示了15种地貌类型区上流域信息树形态指标结点裂变*V*指数的平均值、峰度、偏度等描述统计量。

表5.26　不同地貌类型下的结点裂变*V*指数统计量

统计量	样本数	均值	中值	95%置信区间	标准差	偏度	峰度	变异系数
保存完整台塬	15	3.9909	3.9091	（3.6480，4.3330）	0.6185	0.7226	0.2885	0.1550
黄土残塬	7	5.8862	4.4839	（3.5560，8.2160）	2.5193	1.2057	−0.8256	0.4280
黄土塬	7	4.8110	4.6842	（3.9710，5.6510）	0.9078	1.1886	2.8115	0.1887
切割破碎台塬	7	4.0972	3.8889	（3.6720，4.5230）	0.4599	1.6064	1.9876	0.1123
中度切割台塬	8	4.9096	4.7806	（3.5850，6.2340）	1.5841	1.6511	4.1689	0.3227
黄土覆盖低山	7	3.3650	3.0000	（2.9030，3.8270）	0.5000	0.8900	−1.3400	0.1485
蚀余黄土低山	21	4.4798	4.4667	（4.0560，4.9040）	0.9313	−0.0467	−0.6894	0.2079
黄土梁峁	8	4.4955	4.5771	（3.8750，5.1160）	0.7417	−1.0345	2.0448	0.1650
黄土峁梁	7	6.2708	5.2857	（3.9100，8.6310）	2.5524	2.5352	6.5457	0.4070
黄土平梁	7	5.8840	5.1667	（4.2910，7.4770）	1.7221	2.3286	5.6220	0.2927
黄土斜梁	7	5.3166	5.0000	（4.4670，6.1660）	0.9189	1.1500	0.6228	0.1728
黄土长梁	7	4.2953	4.1765	（3.8110，4.7800）	0.5237	1.7507	3.0879	0.1219
沙盖黄土梁	7	3.9290	3.7500	（3.2350，4.6230）	0.7506	0.1821	−1.5742	0.1910
黄土丘陵	11	3.6702	3.6667	（3.2910，4.0500）	0.5650	0.1550	−1.4255	0.1539
蚀余基岩丘陵	9	5.3763	5.5556	（4.8770，5.8750）	0.6491	-0.3500	0.1438	0.1207

从表5.26可以看出,黄土覆盖低山、黄土丘陵和沙盖黄土梁这三种地貌类型结点裂变V指数值的均值和中值在15种地貌类型较小,结点裂变V指数值均值和中值较大的多数为梁,究其原因是由于地貌类型区上流域信息树的结点裂变V指数值的大小不仅和地形地貌的破碎程度有关,同时可能和其他因素如出露基岩、沙土比率等有关。尽管黄土残塬和黄土平梁的均值比较相近,但是从峰度等指标比较来看二者存在差异。为了更加直观地反映不同地貌类型区结点裂变V指数空间上的差异,我们绘制出流域信息树结点裂变V指数的分段专题图,结果如图5.25所示。

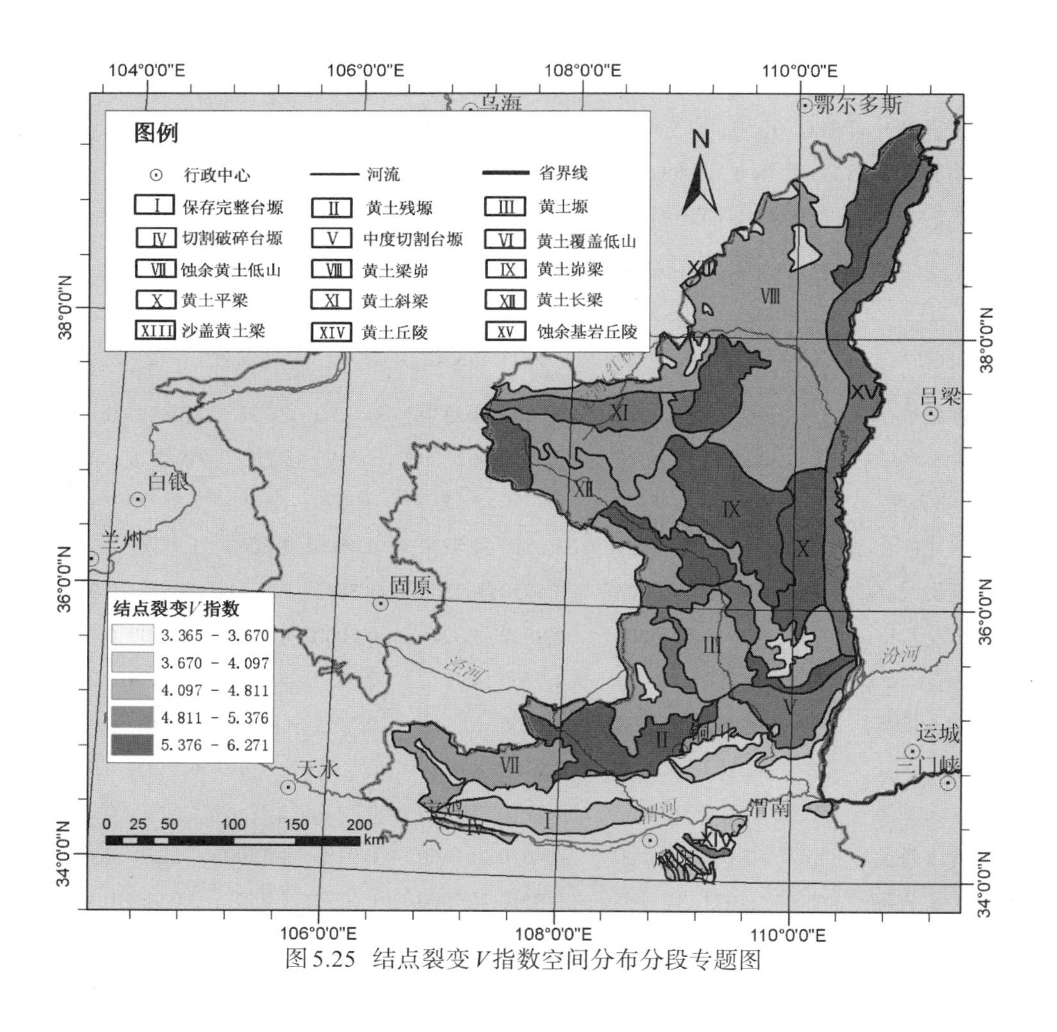

图5.25 结点裂变V指数空间分布分段专题图

为了进一步分析流域信息树结点裂变V指数的空间分布模式，我们对15种黄土地貌类型区上的流域信息树的结点裂变V指数进行全局空间自相关分析。通过计算，Moran's I值为0.230，Z值为6.040，概率P值小于0.050；同层次梯度S指数一样，结点裂变V指数在空间上呈现出集聚分布的态势。

5. 结点裂变熵H指数区域差异性分析

我们在样区内15种不同黄土地貌类型区上分别构建流域信息树，并计算出流域信息树的结点裂变熵H指数，以分析15种地貌类型的黄土地貌区域差异性。图5.26是15种地貌类型区上流域信息树形态指标结点裂变熵H指数的箱线图。

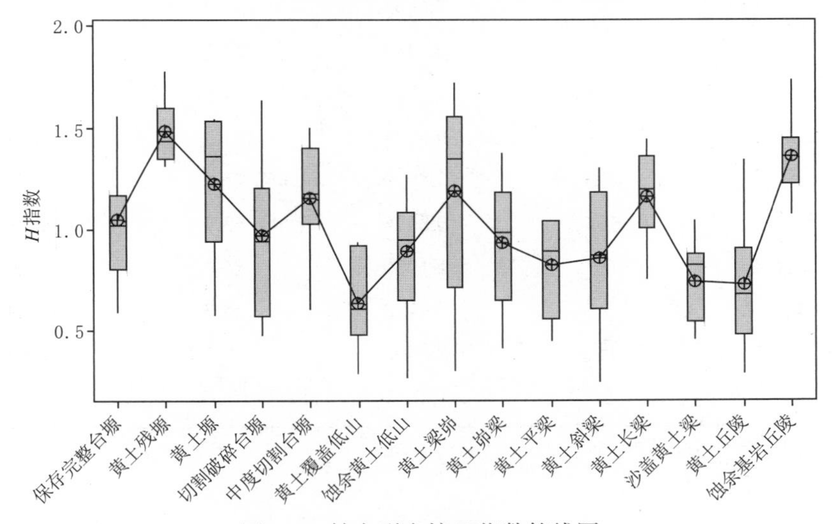

图5.26　结点裂变熵H指数箱线图

从图5.26中我们可以直观地看出，15种黄土地貌类型区上流域信息树的结点裂变熵H指数具有差异。为了进一步从统计学上分析结点裂变熵H指数是否具有显著差异，我们对15种黄土地貌类型区上流域信息树的结点裂变熵H指数分别进行方差分析和Kruskal-Wallis秩和检验，检验结果如表5.27和表5.28所示。

表5.27　结点裂变熵H指数方差分析

来源	自由度	SS	MS	F	P
地貌类型	14	6.8081	0.4863	5.52	0.000
误差	120	10.5733	0.0881		
合计	134	17.3814			

注：S=0.2968，R^2=39.17%，R^2（调整）=32.07%。

表5.28　结点裂变熵H指数Kruskal-Wallis差异性检验

地貌类型	N	中位数	平均秩	Z值
保存完整台塬	15	1.0191	71.5	0.37
黄土残塬	7	1.4431	119.7	3.59
黄土塬	7	1.3590	92.6	1.71
切割破碎台塬	7	0.9402	64.1	−0.27
中度切割台塬	8	1.1719	86.8	1.40
黄土覆盖低山	7	0.6021	28.2	−2.76
蚀余黄土低山	21	0.9483	56.6	−1.45
黄土梁峁	8	1.3503	89.9	1.63
黄土峁梁	7	0.9824	61.3	−0.47
黄土平梁	7	0.8899	45.3	−1.58
黄土斜梁	7	0.8675	53.7	−0.99
黄土长梁	7	1.1930	86.0	1.25
沙盖黄土梁	7	0.8178	35.7	−2.24
黄土丘陵	11	0.6696	37.7	−2.68
蚀余基岩丘陵	9	1.3651	109.3	3.28

注：H=54.94，DF=14，P=0.000；
　　H=54.94，DF=14，P=0.000（已对结调整）。

从表5.27的方差分析和表5.28的Kruskal-Wallis秩和检验可以发现，其显著性P值都小于0.050，表明15种黄土地貌类型区上流域信息树的结点裂变熵具有显著差异。表5.29显示了15种地貌类型区上流域信息树形态指标结点裂变熵H指数的平均值、峰度、偏度等描述统计量。

表5.29　不同地貌类型下的结点裂变熵H指数统计量

统计量	样本数	均值	中值	95%置信区间	标准差	偏度	峰度	变异系数
保存完整台塬	15	1.0424	1.0191	（0.8991，1.1857）	0.2588	0.3758	0.2024	0.2482
黄土残塬	7	1.4869	1.4431	（1.3381，1.6357）	0.1609	1.0020	0.7467	0.1082
黄土塬	7	1.2182	1.3590	（0.8800，1.5570）	0.3660	−0.9742	−0.0431	0.3004
切割破碎台塬	7	0.9693	0.9402	（0.6000，1.3380）	0.3992	0.4693	−0.0933	0.4118
中度切割台塬	8	1.1528	1.1719	（0.9160，1.3900）	0.2836	−0.8477	1.1849	0.2460
黄土覆盖低山	7	0.6279	0.6021	（0.4060，0.8499）	0.2400	−0.1200	−1.1200	0.3822

(续表)

统计量	样本数	均值	中值	95%置信区间	标准差	偏度	峰度	变异系数
蚀余黄土低山	21	0.8908	0.9483	(0.7698, 1.0118)	0.2657	−0.7963	−0.1140	0.2983
黄土梁峁	8	1.1897	1.3503	(0.7690, 1.6100)	0.5032	−1.0679	−0.0807	0.4229
黄土峁梁	7	0.9306	0.9824	(0.6210, 1.2400)	0.3344	−0.3338	−0.7424	0.3593
黄土平梁	7	0.8240	0.8899	(0.6098, 1.0382)	0.2316	−0.9884	−0.6037	0.2811
黄土斜梁	7	0.8572	0.8675	(0.5300, 1.1840)	0.3534	−0.6644	0.4292	0.4123
黄土长梁	7	1.1571	1.1930	(0.9333, 1.3809)	0.2420	−0.6055	−0.2711	0.2091
沙盖黄土梁	7	0.7374	0.8178	(0.5423, 0.9324)	0.2109	−0.0672	−1.4139	0.2861
黄土丘陵	11	0.7241	0.6696	(0.5136, 0.9346)	0.3133	0.6558	−0.0543	0.4327
蚀余基岩丘陵	9	1.3653	1.3651	(1.2202, 1.5105)	0.1889	0.5450	1.2458	0.1383

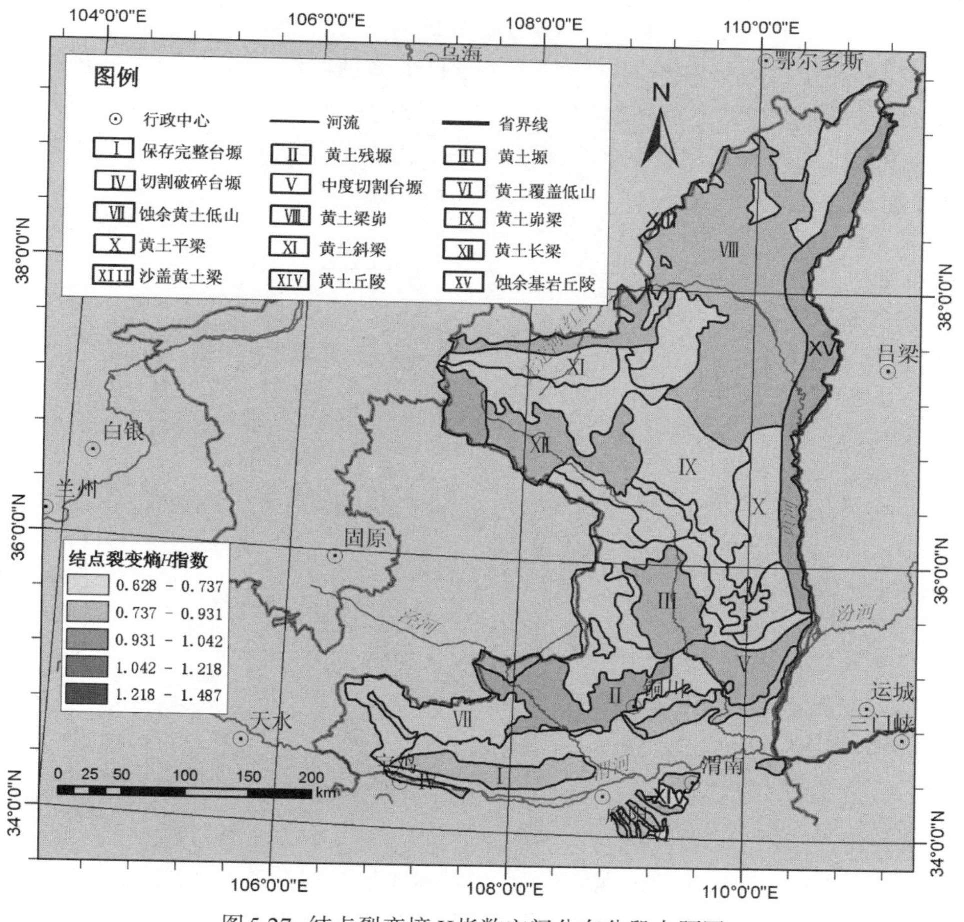

图 5.27　结点裂变熵 H 指数空间分布分段专题图

从表5.29可以看出，黄土残塬和蚀余基岩丘陵这两种地貌类型结点裂变熵H指数值的均值和中值在15种地貌类型中较大，黄土覆盖低山、黄土丘陵和沙盖黄土梁这三种地貌类型复杂度结点裂变熵H指数值的均值和中值在15种地貌类型中较小。尽管中度切割台塬和黄土长梁的均值比较相近，但是从偏度等其他指标比较来看，它们存在差异。我们对15种地貌类型区上流域信息树形态指标结点裂变熵H指数绘制分段专题图，以更加直观地反映不同黄土地貌类型空间上的差异，结果如图5.27所示。

为了进一步分析流域信息树结点裂变熵H指数的空间分布模式，我们对15种黄土地貌类型区上的流域信息树的结点裂变熵H指数进行全局空间自相关分析。通过计算，Moran's I值为 -0.040，Z值为 -0.35，概率P值大于0.010；与复杂度β指数和连通度γ指数相同，结点裂变熵H指数在空间上呈现出随机分布的态势。

6. 裂变结点百分比R指数区域差异性分析

我们在样区内15种不同黄土地貌类型区上分别构建流域信息树，并计算出流域信息树的裂变结点百分比R指数，以分析15种地貌类型的黄土地貌区域差异性。图5.28是15种地貌类型区上流域信息树形态指标裂变结点百分比R指数的箱线图。

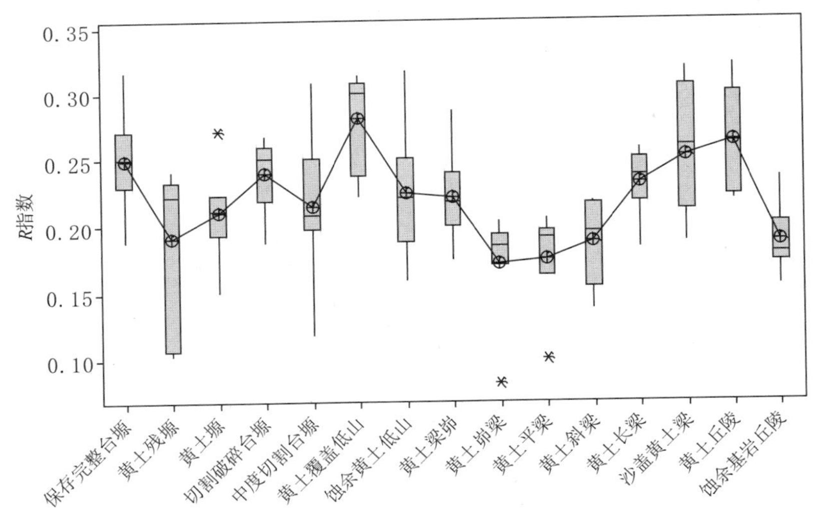

图5.28 裂变结点百分比R指数箱线图

从图5.28中我们可以直观地看出，15种黄土地貌类型区上流域信息树的裂变结点百分比R指数具有差异。为了进一步从统计学上分析裂变结点百分比R指数是否具有显著差异，我们对15种黄土地貌类型区上流域信息树的裂变结点百分比R指数分别进行方差分析和Kruskal-Wallis秩和检验，结果如表5.30和表5.31所示。

表5.30　裂变结点百分比R指数方差分析

来源	自由度	SS	MS	F	P
地貌类型	14	0.1225	0.0088	5.53	0.000
误差	120	0.1900	0.0016		
合计	134	0.3125			

注：S=0.0398，R^2=39.20%，R^2（调整）=32.10%。

表5.31　裂变结点百分比R指数Kruskal-Wallis差异性检验

地貌类型	N	中位数	平均秩	Z值
保存完整台塬	15	0.2500	92.7	2.60
黄土残塬	7	0.2214	54.6	−0.93
黄土塬	7	0.2113	58.1	−0.69
切割破碎台塬	7	0.2500	85.3	1.20
中度切割台塬	8	0.2077	61.9	−0.45
黄土覆盖低山	7	0.3000	112.4	3.09
蚀余黄土低山	21	0.2206	67.0	−0.12
黄土梁峁	8	0.2170	66.3	−0.13
黄土峁梁	7	0.1842	25.1	−2.98
黄土平梁	7	0.1905	26.2	−2.90
黄土斜梁	7	0.1951	36.6	−2.18
黄土长梁	7	0.2366	79.9	0.82
沙盖黄土梁	7	0.2581	87.6	1.36
黄土丘陵	11	0.2609	100.3	2.86
蚀余基岩丘陵	9	0.1785	32.4	−2.82

注：H = 56.16，DF = 14，P = 0.000；
　　H = 56.17，DF = 14，P = 0.000（已对结调整）。

从表5.30的方差分析和表5.31的Kruskal-Wallis秩和检验可以发现，其显著性P值都小于0.050，表明15种黄土地貌类型区上流域信息树的裂变结点百分比具有显著差异。表5.32显示了15种地貌类型区上流域信息树形态指标裂变结点百分比R指数的平均值、峰度、偏度等描述统计量。

表5.32　不同地貌类型下的裂变结点百分比R指数统计量

统计量	样本数	均值	中值	95%置信区间	标准差	偏度	峰度	变异系数
保存完整台塬	15	0.2491	0.2500	（0.2301，0.2681）	0.0343	−0.1818	0.0960	0.1377
黄土残塬	7	0.1909	0.2214	（0.1354，0.2465）	0.0601	−1.1007	−0.9550	0.3146
黄土塬	7	0.2102	0.2113	（0.1769，0.2435）	0.0360	0.0104	2.0563	0.1711
切割破碎台塬	7	0.2391	0.2500	（0.2133，0.2648）	0.0278	−1.2053	0.8522	0.1164
中度切割台塬	8	0.2143	0.2077	（0.1686，0.2601）	0.0547	0.0270	1.4654	0.2554
黄土覆盖低山	7	0.2801	0.3000	（0.2467，0.3135）	0.0361	1.0111	0.8200	0.1289
蚀余黄土低山	21	0.2244	0.2206	（0.2035，0.2453）	0.0459	0.6903	−0.2616	0.2045
黄土梁峁	8	0.2209	0.2170	（0.1929，0.2488）	0.0335	0.8255	1.4194	0.1516
黄土峁梁	7	0.1706	0.1842	（0.1327，0.2085）	0.0409	−2.2076	5.2582	0.2400
黄土平梁	7	0.1745	0.1905	（0.1416，0.2073）	0.0355	−1.9292	3.9794	0.2035
黄土斜梁	7	0.1872	0.1951	（0.1582，0.2161）	0.0313	−0.7106	−1.0555	0.1671
黄土长梁	7	0.2315	0.2366	（0.2088，0.2541）	0.0245	−1.4531	2.2974	0.1057
沙盖黄土梁	7	0.2514	0.2581	（0.2049，0.2979）	0.0503	0.1220	−1.6919	0.2001
黄土丘陵	11	0.2615	0.2609	（0.2365，0.2865）	0.0372	0.2011	−1.5392	0.1422
蚀余基岩丘陵	9	0.1872	0.1785	（0.1688，0.2056）	0.0240	0.9175	0.9133	0.1280

从表5.32可以看出，黄土覆盖低山、黄土丘陵和沙盖黄土梁这三种地貌类型裂变结点百分比R指数值的均值和中值在15种地貌类型中较大，裂变结点百分比R指数值均值和中值较小的多数为梁；树的结点百分比的大小不仅和地形地貌的破碎程度有关，同时可能和地貌类型的其他因素有关。尽管黄土斜梁和蚀余基岩丘陵的均值比较相近，但是从峰度等指标比较来看，它们存在差异。我们对15种地貌类型区上流域信息树形态指标裂变结点百分比R指数绘制分段专题图，以便能更加直观地反映裂变结点百分比R指数在不同地貌类型空间上的差异，结果如图5.29所示。

为了进一步分析流域信息树结点裂变熵H指数的空间分布模式，我们对15种黄土地貌类型区上的流域信息树的裂变结点百分比R指数进行全局空间自相关分析。通过计算，Moran's I值为0.310，Z值为7.750，概率P值小于0.050，表明裂变结点百分比R指数在空间上呈现出集聚分布的态势。

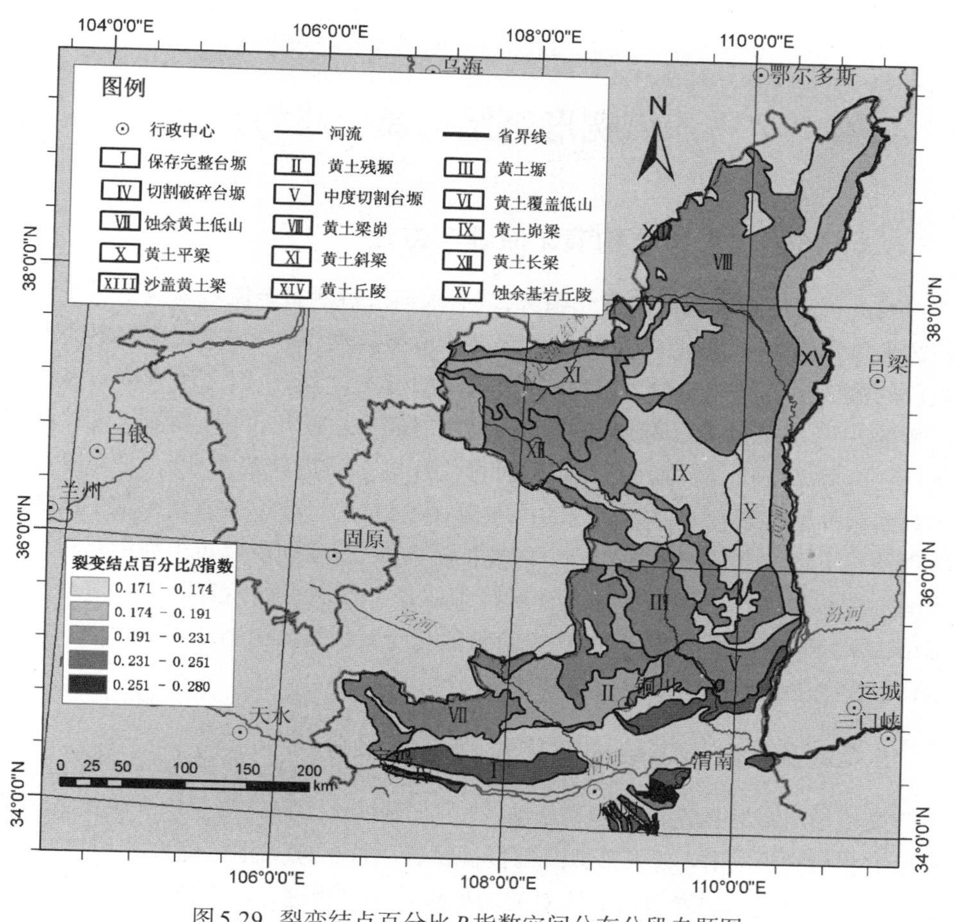

图 5.29　裂变结点百分比 R 指数空间分布分段专题图

5.3.4 小　结

首先,本节以流域信息树的形态结构指标为基础,通过对离散的样本点进行空间插值,以研究各个形态特征指标的空间分异状况;其次,将空间插值后的数据组合成多波段栅格数据并利用面向对象分类算法进行黄土地貌区划分;最后,对得到的地貌分区进行差异分析和相似性评价。通过研究得出,流域信息树的量化指标蕴含了整个流域的全局信息,树形结构所表达的结点之间的层次递进结构是对流域多层次嵌套结构的宏观反映和综合呈现;流域信息树的树形形态结构指标可以有效地对各黄土地貌类型区进行划分。形态结构指标是流域信息树中的核心内容之一,对其进行研究和应用分析是相当重要和关键的。本节仅对9个基本的形态结构指标进行了较为简单的应用研究,而对流域信息树形态结构方面的分析和研究还需进一步加强和提高。

5.4 流域树形态结构演化趋势分析

5.4.1 流域树形态结构演化原理与方法

要分析流域树形态结构演化趋势，就必须通过观测黄土流域地貌不同发育阶段的地貌形态特征，收集历史时期数字高程模型数据，提取并建立地貌不同发育阶段的流域树。然而，地貌发育是一个漫长的历史过程，我们无法直接跟踪这一过程的变化，但是利用模拟试验可大大缩短时间和空间尺度，并且不受天然降雨条件在时间及强度等方面的限制，同时可设计更多的边界条件，以获得在野外无法观察到的地貌发育与侵蚀产沙的内在微观过程。为此，本小节利用黄土高原土壤侵蚀与旱地农业国家重点实验室的模拟降雨大厅，建立了以黄土为主要填充物质的小流域模型(崔灵周，2002)，针对降雨驱动下流域不同发育阶段的流域树形态结构演化特征展开分析，从微观实验角度观测分析流域树随地貌演化而在形态结构上发生变化的特征，并对其结果进行分析验证。

5.4.2 流域树形态结构演化过程与结果分析

模拟小流域数据是由中国科学院、中国水利部水土保持研究所和陕西省测绘局标准化研究所合作，利用模拟降雨侵蚀试验大厅的喷式雨区完成模拟试验，并通过高精度近景摄影测量的方法对流域地貌发育过程进行动态监测，获取高分辨率的流域不同侵蚀阶段的数字高程模型。我们一共获取了9期DEM数据，DEM格网大小为10 mm，高程误差≤2 mm。模型大小为6 m×9 m，呈叶片状。

试验从2001年2月中旬开始，于2001年12月中旬结束，历时10个月。整个试验主要经过了试验方案设计、流域模型建立、预备试验、近景摄影测量及DEM数据建立五个阶段。近景摄影测量在正式试验阶段进行，相邻两次拍摄间隔时间为一个星期左右，降雨为2~5场，共拍摄9次。模型的设计充分吸收和借鉴了前人相关研究成果，并结合研究区域特点和有关专家的论证建议，依据黄土丘陵区小流域地貌概化模型设计要求，通过对黄土丘陵区小流域地貌特征的统计、概化和抽象，制作出黄土丘陵区小流域地貌发育初期的概化模型。

为了消去小流域地貌发育初期概化模型的不同假设对流域树分析带来的扰动，模拟小流域的流域树形态结构相关指数计算从第2期DEM数据开始，结果如表5.33所示。

表5.33　模拟小流域的流域树形态结构指数表

期数	β指数	γ指数	S指数	V指数	H指数	R指数
2	0.9411	0.3556	0.6667	4.0000	0.5883	0.2353
3	0.9500	0.3519	0.6667	3.8000	0.6849	0.2500
4	0.9706	0.3438	2.6667	3.6667	0.9297	0.2647
5	0.9787	0.3407	8.6667	3.8333	1.0495	0.2553
6	0.9706	0.3438	0.5000	3.6667	0.9297	0.2647
7	0.9773	0.3413	0.8000	3.3077	1.1048	0.2955
8	0.9800	0.3403	1.0000	3.2667	1.1678	0.3000
9	0.9800	0.3403	2.0000	3.7692	1.0926	0.2600

根据表5.33绘制模拟小流域的信息树形态结构演化趋势散点图，并进行可有效降低异常点对结果的影响的LOWESS稳健回归以及时间序列趋势的线性回归，结果如图5.30所示。表5.34~表5.39为复杂度β等3个指数线性回归显著的参数检验表和方差分析表。

表5.34　复杂度β指数回归系数统计量

自变量	系数	系数标准误	T	P
常量	0.9401	0.0077	121.49	0.000
期数	0.0052	0.0013	3.98	0.007

注：S=0.0084，R^2=72.5%，R^2（调整）=68.0%。

表5.35　复杂度β指数方差分析

内容	自由度	SS	MS	F	P
回归	1	0.0011	0.0011	15.85	0.007
残差误差	6	0.0004	0.0001		
合计	7	0.0015			

表5.36　连通度γ指数回归系数统计量

自变量	系数	系数标准误	T	P
常量	0.3558	0.0031	115.36	0.000
期数	−0.0020	0.0005	−3.90	0.008

注：S=0.0034，R^2=71.7%，R^2（调整）=67.0%。

表5.37　连通度γ指数方差分析

内容	自由度	*SS*	*MS*	*F*	*P*
回归	1	0.0002	0.0002	15.19	0.008
残差误差	6	0.0001	0.0000		
合计	7	0.0002			

表5.38　结点裂变熵H指数回归系数统计量

自变量	系数	系数标准误	*T*	*P*
常量	0.5276	0.0944	5.59	0.001
期数	0.0756	0.0158	4.77	0.003

注：S=0.1026，R^2=79.2%，R^2（调整）=75.7%。

表5.39　结点裂变熵H指数方差分析

内容	自由度	*SS*	*MS*	*F*	*P*
回归	1	0.2400	0.2400	22.79	0.003
残差误差	6	0.0632	0.0105		
合计	7	0.3032			

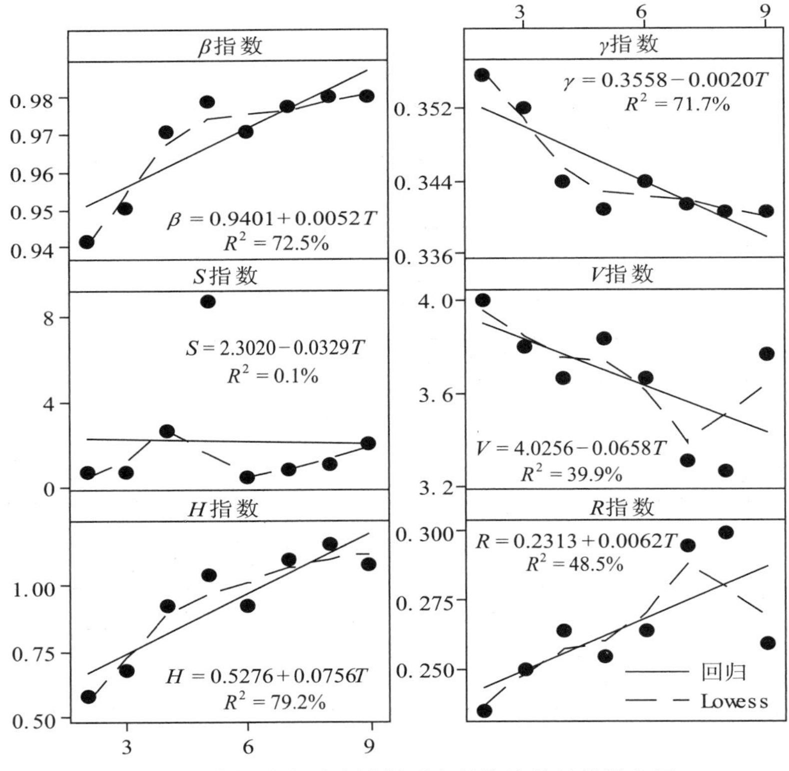

图5.30　模拟小流域流域树形态结构演化趋势散点图

从图5.30和表5.34~表5.39可以看出，在黄土流域地貌的不同发育阶段，对应于流域地貌演化特征的流域树形态结构特征发生了明显的改变。首先，复杂度β指数、结点裂变熵H指数、裂变结点百分比R指数表现为整体上升，表明随着流域地貌的不断发育，流域树的复杂程度、流域树的信息量在不断攀升；裂变结点百分比R上升表明，在流域树中，随着流域树的发育，裂变的信息结点总和越来越多。其次，流域树的整体连通性和单个裂变信息结点裂变出的子结点数目表现为整体下降趋势，结点裂变V指数的不断降低反映了随着流域发育的不断成熟，其流域的水土侵蚀逐渐趋于稳定降低状态；通过回归和统计检验也可发现，复杂度β、结点裂变熵H与连通度γ指数的增长与降低趋于线性。最后，从流域形态上看，第5期模拟小流域发生了较大的突变，陷穴的发育导致负地形面积产生跳跃性增加，沟沿线快速向上攀升，达到流域较高的地方，使得流域树的复杂度β指数等6个形态特征指标发生了剧烈的突变。由此可见，对于黄土小流域的侵蚀演化过程，流域树的形态特征指标在一定程度上可以揭示流域地形演化的状况。也可以发现，复杂度β指数、连通度γ指数和结点裂变熵H指数可以稳定地反映人工模拟小流域发育过程，而层次梯度S指数、结点裂变V指数和裂变结点百分比R指数这三个形态特征指标波动比较大，不能稳定地反映模拟小流域的发育过程。

5.4.3 小　结

本节通过观测黄土流域地貌不同发育阶段的地貌形态特征，收集历史时期数字高程模型数据，在建立的以黄土为主要填充物质的小流域模型基础上，针对降雨驱动下流域不同发育阶段的流域树形态结构演化特征展开分析。同时，我们还从微观实验角度观测分析流域树随地貌演化而在形态结构上发生变化的特征，并对其结果进行分析验证。结果表明，在黄土流域地貌的不同发育阶段，对应于流域地貌演化特征的流域树形态结构特征发生了明显的改变；对于黄土小流域的侵蚀演化过程，流域树的形态特征指标在一定程度上可以揭示流域地形演化的状况。

5.5　小　结

本章以流域信息树理论为基础，首先，利用分形理论中的计盒维数方法对从北到南神木、绥德等6个地区的流域结构进行自相似研究，结果表明，不同地貌类型区表现出不同程度的自相似特征。黄土峁地貌类型的计盒维数值最高，黄土塬地貌类型的计盒维数值最低，表明黄土峁地貌类型区内的流域具有比较明显的层次嵌套结构自相似性,而黄土塬类型区内流域的嵌套自相似性则较不明显。

其次,利用流域信息树的结点属性信息研究了黄土高原地区各个尺度流域间的形状关系。研究发现,从父流域到子流域,子流域都比父流域在形状上要圆,即流域内部逐级嵌套的流域有逐渐变圆的趋势,而且具有流域面积越小其形状越圆的趋势;同时,利用流域信息树的序列化分析法实现了各尺度流域结点属性信息间相互关系的研究。

而后,利用流域信息树的形态结构指标,对黄土高原重点水土流失区进行了地貌类型区划分的研究。研究发现,流域信息树的量化指标蕴含了整个流域的全局信息,树形结构所表达的结点之间的层次递进结构是对流域多层次嵌套结构的宏观反映和综合呈现;利用流域信息树的树形形态结构指标可以有效地对各黄土地貌类型区进行划分。形态结构指标作为流域信息树中的核心内容之一,对其进行研究和应用分析是相当重要和关键的。

最后,利用流域信息树模型及结点属性信息,对流域信息树随地貌演化在形态结构上的变化展开研究。研究表明,在黄土流域地貌的不同发育阶段,对应于流域地貌演化特征的流域树形态结构特征发生了明显的改变;对于黄土小流域的侵蚀演化过程,流域树的形态特征指标在一定程度上可以揭示流域地形演化的状况,为今后不同发育阶段黄土流域的研究提供重要的参考价值。

第6章 基于流域信息树的地形简化研究

本章主要对流域信息树在地形简化方面的应用进行研究。首先,介绍了DEM地形简化的常用方法;其次,提出了流域信息树剪枝八方向射线剖面简化法原理;最后,以具体的实例对流域信息树在地形简化方面的应用进行了详细的研究、效果分析和评价。

6.1 DEM地形简化常用方法概述

地形因素是影响地貌特征、水文过程、生物分布等的重要因素。DEM作为空间数据库的重要数据产品,越来越成为GIS进行地形模拟分析和地学应用分析的核心组成部分,其应用遍布测绘、交通、军事、水利、农业、环境、规划与旅游等众多领域(陈国平等,2007;李志林等,2003;赵东娟等,2008)。测绘部门所制作的高质量、多类型的DEM产品必将在我国各经济领域发挥越来越巨大的作用。由于不同部门不同地学领域具体的研究与应用问题,所需地形数据的空间尺度是不一样的;地形数据的自动综合技术是地形数据多尺度高效获取问题的关键技术。规则格网DEM是地形的重要表达方式之一,也是自动综合技术所使用数据的主要来源,因而对格网DEM数据进行自动综合的技术需求尤为迫切(董有福,2010;费立凡等,2006;吴凡等,2001;杨族桥等,2005)。

为了满足不同部门和应用领域的需求,各个国家都建立了多种比例尺共存的多尺度DEM数据库以满足现实需求。然而,现阶段这些不同尺度DEM仍然是各个国家根据各自标准、独立进行数据采集和不同工序制作的,耗费了大量的人力、物力和财力;另外,由于具体应用和研究问题对多尺度地形数据具有强烈的需求,以上几种有限的基本比例尺DEM数据远不能满足实际应用的需要(董有福,2010)。目前主要是基于重采样方式获取多比例多尺度DEM数据,然而重采样方式却往往容易丢弃掉对地形骨架起控制作用的地形特征点和特征线,"削峰填谷”作用明显，使得地形特征要素信息不仅在形态上发生明显变化，而且在位置精度上也出现了较大的偏移，显著降低了分析结果的精度(董有福，2010；汤国安等，2001；祝士杰，2013)。因此，利用高分辨率DEM数据通过地形简化方法得到多比例尺DEM数据，是快速获取多尺度地形数据比较行之有效的方法，不仅能够节约大量的成本和资源，而且能够有效降低数据冗余，有针对性地保留重要的地形特征点和线，以保证数据一致性，提高多尺度DEM数据应用分析的可靠性和普适性。

由于地形简化理论和方法在多尺度DEM建立中具有重要意义，因此其一直以来是许多学者关注的热点。在基于DEM的地形自动综合方面，国内外学者也进行了大量卓有成效的相关研究。目前，国内外地学研究者已针对规则格网DEM自动综合提出了多种方法，如栅格重采样法、数字图像处理法、数字形态综合法、滤波法、信息论法、三维Douglas-Peucker简化法和结构化综合方法等(董有福，2010)。栅格重采样法的基本思想是采用简单的四邻域高程合一的算法来实现对DEM的化简，主要有最邻近法、双线性插值法、移动曲面拟合、最小二乘匹配、样条函数有限元内插等算法(原立峰等，2008)。数字图像处理法是将DEM视作数字图像，利用各种已有的、成熟的图像处理技术对其进行处理，如小波分析综合法和数学形态学法等(吴凡等，2001)。数字形态综合法的基本思路是将DEM视作图像，用形态变换和构造好的形态结构元素来消除干扰信号，提取其中的关键信息(董有福，2010；赵卫东等，2013)。滤波法是将各种滤波算子应用于地貌综合中，舍去表示地形细微特征的高频信息。信息论法是基于点面距、高程差和空间平面夹角确定三维离散点信息量大小从而进行数据点取舍的综合方法(陈维崧，2012)。三维Douglas-Peucker简化法是在二维Douglas-Peucker算法原理的基础上，将其应用到对DEM的三维离散点的自动综合上；该算法能较好地筛选出DEM整体及局部范围的地貌特征点，并通过对这些特征点的插值处理，得到综合后的DEM，从而实现地形的综合(费立凡等，2006)。结构化综合方法是通过提取和评价地形结构线来分析地形特征和地形要素间的空间关系，从而决定目标的取舍和综合程度，其关键技术是如何在格网DEM上自动提取地形结构线(毋河海，2000)。尽管每一种算法都有其独到之处，但它们一致的问题是对整幅DEM进行了相同的内插处理，没有对主次信息进行区别对待，不符合“取主舍次”的综合原则。

从以上分析来看，目前常用的地形简化方法主要从基于全局的地形结构特征与基于局部的地形形态的变化两个方面考虑的。现有的DEM地形简化方法，难以将关键的、具有控制作用的地形骨架点保留下来，容易忽略地形的整体结构性和层次性，不能提供与地形复杂度相适应的地形简化自动调节机制，不能对地形特征点的等级层次性特征与重要性程度进行有效量化，因此难以实现自适应尺度的DEM地形简化。

6.2　流域信息树W8D算法原理

6.2.1 流域信息树W8D地形简化处理流程

基于流域信息树剪枝八方向射线剖面简化法（简称W8D法）是在综合考虑局部地形形态变化与宏观地形结构语义特征基础上建立的，兼顾了流域地貌的基本流域单元在局部区域内地形变化特点和宏观上对地形的控制效果两方面，来量化其在地形表达与建模中的重要作用，从而为自适应尺度的DEM地形简化提供一种新的思路和方法。W8D法是完全建立在多尺度的流域信息树之上的，其最小的计算单元是流域信息树的信息结点，即信息结点对应的某个尺度下的流域面。其关键内容包括：①根据简化的目标尺度对流域信息树上的信息结点进行消去，即"剪枝"。②对每一个流域信息树结点对应的流域内部特征点进行简化和提取，如进行八方向射线生成、Douglas-Peucker算法候选特征点选取与简化。③将简化后点形式的特征数据和多尺度的包含在信息结点中山谷地形特征线整合在一起，建立地表TIN模型。W8D法在建立TIN时，以提取的地形特征线将TIN进行约束性构建，即构建约束不规则三角网。④最后将含有地形特征信息的TIN转换成格网DEM数据，得到最终的地形自动综合结果。W8D法DEM格网数据简化算法的整个过程如图6.1所示。

将流域信息树简化方法应用到DEM数据多尺度处理，是一种比较有效的方法和手段，具有如下优点：算法实现简单、时间效率高、对多尺度DEM数据具有自适应性。该算法兼顾了DEM数据的局部特征与整体属性，是将DEM数据的局部特征和整体属性有效地结合起来的一种算法。W8D法能够精确保留多尺度地形特征线的信息，很少会发生地形特征线漂移的现象。本章就是利用这种方法对DEM数据进行多尺度简化的研究，而且得到的简化后的DEM数据是与尺度相关的、能保持地形数据的绝大部分信息，同时又有非常简单的处理流程和简化过程。W8D法具有全局性和局部性相互结合的特点，其流域信息树的层次性特点完全保留了DEM数据所反映的地形的实际情况。

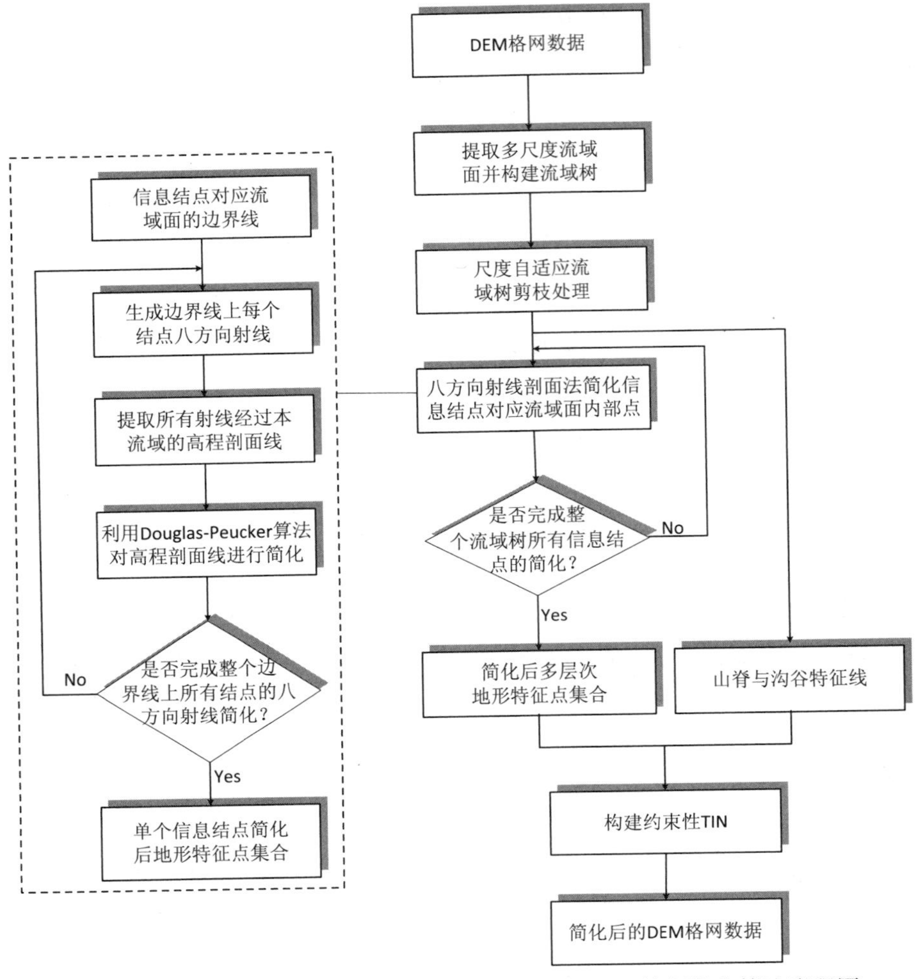

图6.1　流域信息树剪枝八方向射线剖面法DEM格网数据简化算法流程图

6.2.2 信息结点消去与流域信息树全局剪枝

地形简化其实质是不同尺度数据的细节“取舍”问题，流域信息树是由不同尺度的流域构建成的“树”形层次组合，流域信息树的信息结点代表着不同尺度的流域，流域信息树全局剪枝本质上是对小尺度流域进行剔除的过程。

剪枝算法引自于决策树。决策树的主要作用是解释数据的结构化信息，与本书中流域信息树的方法有异曲同工之处。通常决策树剪枝分为前剪枝和后剪枝。本章旨在通过流域信息树来完整地反映流域信息以及流域多尺度之间的关联性，所以要构建的流域信息树模型必须是完整的，并采用后剪枝处理。但是，随着树模型的完善，最佳划分的选取会产生于越来越小的流域中，而树模型较低层次上的划分结果在统计方面会变得不可靠，并且可能出现过度拟合现象(Soman et al., 2006)。在流域信息树完全生长之后，可通过特定标准去掉原有树中的某些子树。不同尺度的流域抽象成的流域信息树是对流域形态特征的直观表达。流域信息树全局剪枝是以信息结点为基本单元的简化，能够在宏观上对地形简化进行控制，快速消去阈值范围内的流域，达到初步流域信息树简化的效果。因此，可以通过对信息结点进行筛选并进行信息树剪枝，达到地形简化的目的。

流域信息树全局剪枝是对流域信息树所有的信息结点进行遍历，运用信息结点即流域的外接矩形覆盖套合的方法，对每个树结点对应的流域进行筛选的过程。由于流域形状的不规则性，流域的大小尺度不容易测量，而流域的外接矩形能够较规则地反映出流域的大小，用流域外接矩形的最大边长衡量流域尺度使得计算方法更加简便。首先，在流域信息树构建完成之后，根据DEM简化目标尺度(即目标格网的大小)设定剪枝阈值；其次，对流域信息树所有结点即对应的所有流域进行遍历，当结点对应的流域外接矩形的最大边长大于设定的剪枝阈值时，该结点予以保留；当结点对应的流域外接矩形的最大边长小于设定的阈值时，该信息结点及其子树被消去，即对应的流域被删除，以此实现对流域信息树对应的整个流域的全局剪枝，即地形的初步简化。流域信息树全局剪枝的过程如图6.2所示。图6.2中，假定结点4的外接矩形最大边长小于设定阈值，则将4号流域剔除，得到剪枝后的流域信息树。

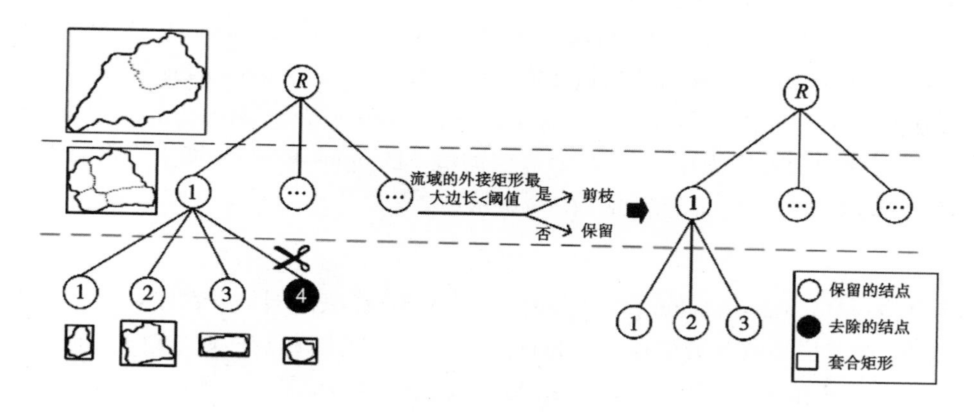

图6.2　流域信息树全局剪枝示意图

6.2.3 简化阈值自适应设定与单个信息结点八方向射线剖面简化

实现地形的初步简化后，再对流域信息树的单个结点所对应的流域进行简化，关注的焦点是在单个流域内部特征点的提取上，具体采用的是八方向射线剖面简化(W8D)算法，该方法结合了Douglas-Peucker算法。首先，对树形结构中各个层次的流域进行特征点提取；其次，将各个层次上每一个流域实体上提取的特征点生成的图层叠置，得到多尺度状态下的所有特征点，最后利用这些特征点重构目标尺度的DEM。

基于流域信息树的W8D算法是局部与整体相结合的算法，它既对单个流域内部信息进行提取与简化，又利用树形结构的整体性进行整个流域的简化。多年来，Douglas-Peucker算法已成为计算机制图与GIS领域内，对线状要素进行自动综合的主要方法之一。Douglas-Peucker算法是对线状要素简化的算法，它根据目标尺度将曲线中的特征点提取出来组成一条新的简化后的线。该方法的特点是从形状复杂的曲线中，通过相对简单的全局性递归运算，能选出那些反映曲线总体及局部形态的主要特征点(费立凡，2006；何津等，2008)。

由于Douglas-Peucker算法是对线状要素进行简化的算法，而流域信息树中包含的都是流域面，所以我们采用流域内部剖面线的方法进行地形简化，以保留流域内部关键的地形特征点。利用流域边界上每个点八个方向的射线切割流域面，形成地形剖面线，将落入流域内部的剖面线抽象成一条条待简化的曲线，而后，利用Douglas-Peucker算法提取每条剖面线上的特征点，以实现对流域内部八方向的剖面线特征点的提取和数据的简化。

简化阈值的设定是W8D算法的关键，直接影响到简化结果，而W8D算法和Douglas-Peucker简化算法又是相互依存和关联的。Douglas-Peucker简化算法的阈值由W8D算法阈值和待简化剖面线的高程差决定，W8D算法阈值是地形简化的程度，其取值范围为(0, 1)。W8D算法阈值、Douglas-Peucker算法简化阈值和剖面线高程差三者之间关系如式(6.1)所示：

$$\theta = T \cdot RF \tag{6.1}$$

其中，θ为Douglas-Peucker算法的阈值，T为W8D算法的阈值，RF为某一方向地形剖面线上最高点与最低点间的高程差。由于不同边界点在八个方向上剖面线的高程差RF值不同，则Douglas-Peucker算法的阈值θ的取值也不相同，这样就可以依据每一条剖面线的具体情况来保留其自身的特征点。算法这样设定阈值，就可以实现自适应、自解释的地形简化。W8D算法阈值T的范围在0到1之间，用户可以根据需要简化的程度自定义选取。W8D算法阈值越接近1，则简化的程度就越大。

流域信息树W8D法单个信息结点的简化原理如图6.3所示。图6.3(a)为流域信息树中信息结点对应流域边界中A点的八方向剖面线，以及与其中AB方向对应的地形剖面线；图6.3(b)是W8D算法阈值T分别为0.01、0.02、……时，边界点A八个方向的地形剖面线经简化后保留的地形特征点结果；图6.3(c)为对单个信息结点所有边界点进行遍历后的某一阈值下的地形特征点。八个方向的地形剖面线进行Douglas-Peucker算法提取特征要素，可以得到流域内部各个方向的地形特征点，保留了流域局部区域内的地形变化特征，流域内部的必要信息得到保留，非必要信息得到简化。这种阈值自适应设定的方法考虑了不同尺度下流域特征点的选取阈值不同，避免了由于阈值选取过大而将关键的流域特征点漏选的问题。同时，阈值自适应设定更有利于流域内部特征点的保留，弥补了以往地形简化方法简化阈值恒定不变的不足，提高了地形简化的保真性和自适应性。

由于DEM地形简化的目标尺度不同，流域要保留的细节信息就不同，W8D算法所取的阈值也相应不同。另外，由于Douglas-Peucker算法阈值是W8D算法

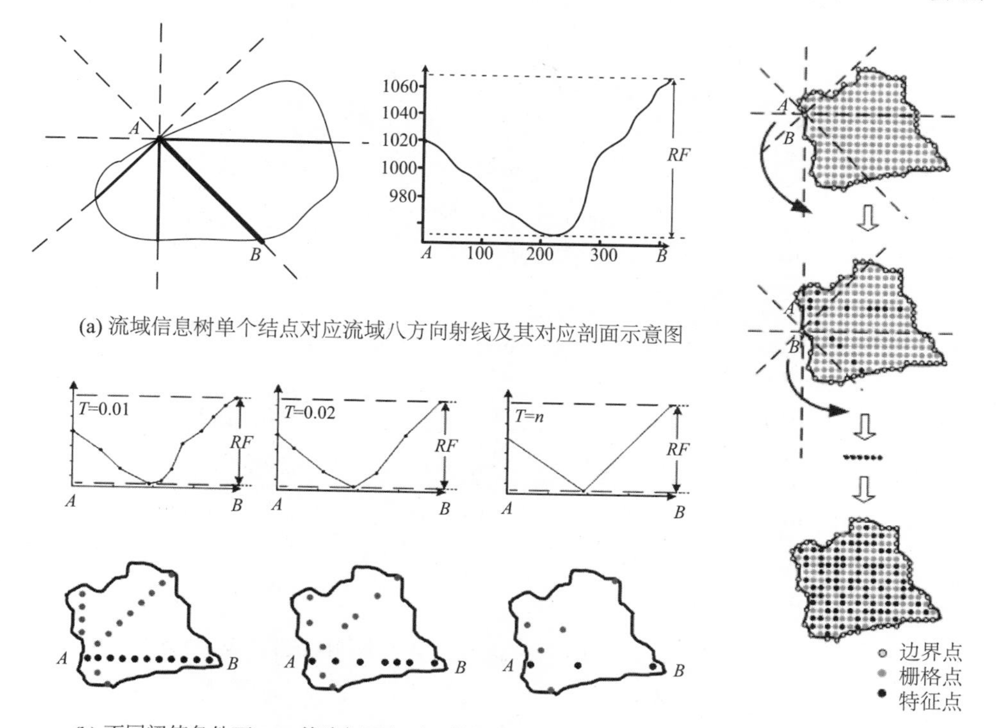

图6.3 流域信息树八方向射线剖面简化法（W8D法）原理示意图

阈值与地形剖面线的高程差的乘积，且八条射线在不同方向的高程差不同，因此在相同的W8D算法阈值下，各个方向剖面线Douglas-Peucker简化算法的阈值也不同。随着W8D算法阈值的增加，Douglas-Peucker算法阈值也相应发生改变，这样就可以实现不同尺度下的DEM数据细节信息被逐步过滤掉。取不同W8D算法阈值T时，地形特征点简化结果和过程如图6.4所示。

流域信息树八方向射线剖面简化，是每一个信息结点对应流域的所有边界点生成的八个方向的射线落入流域内部，切割流域面形成此流域内的地形剖面线，

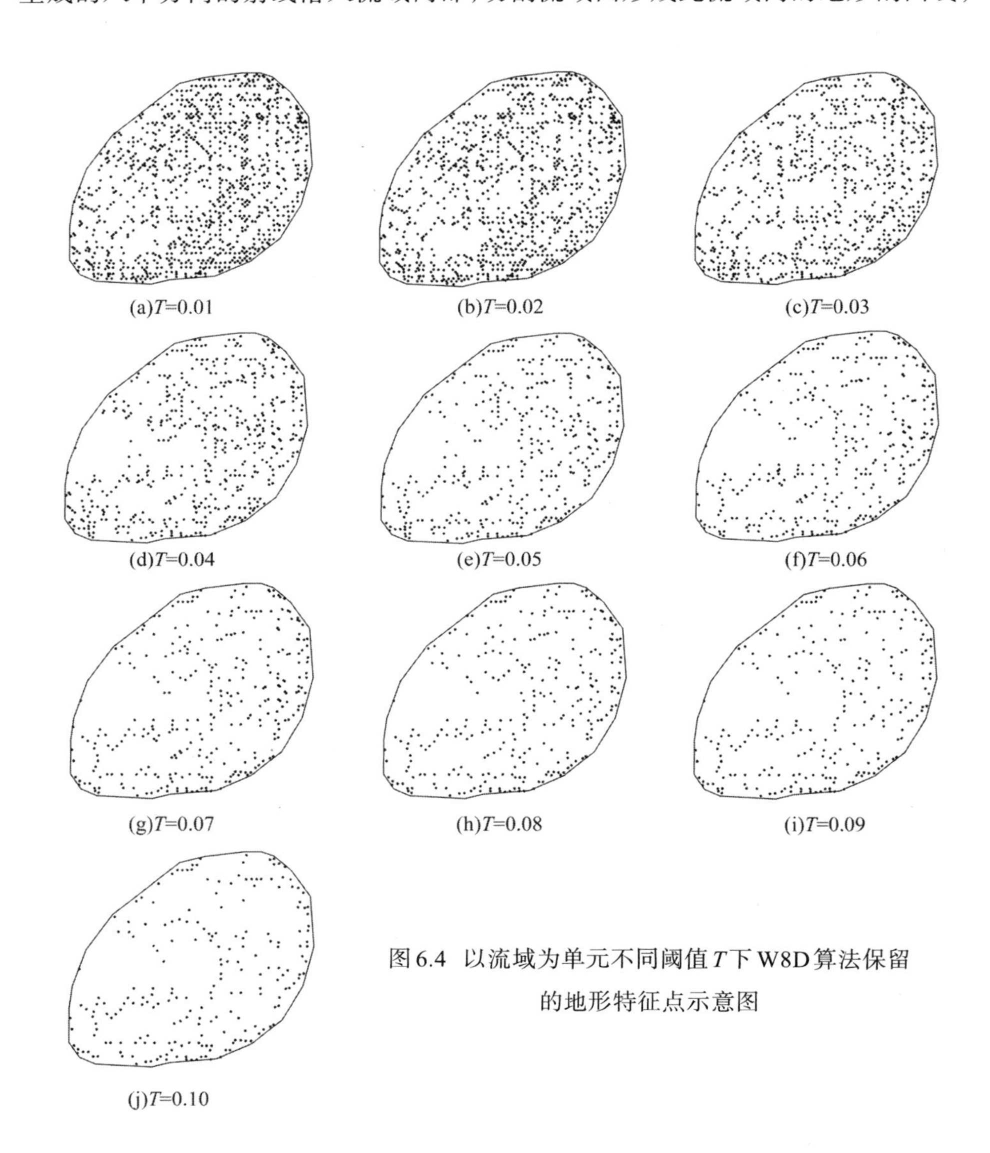

图6.4 以流域为单元不同阈值T下W8D算法保留的地形特征点示意图

然后对所有的剖面线进行简化，实现此流域内部特征点的简化和提取。遍历经过剪枝的流域信息树的所有结点对应的各个尺度的流域，对每个结点都进行八方向射线剖面简化，简化流程如图 6.5 所示。

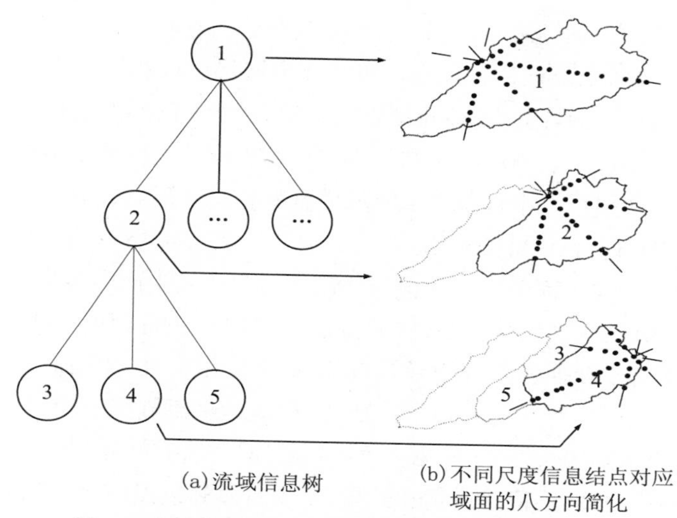

图 6.5　流域信息树结点遍历八方向射线简化示意图

6.2.4 基于树形结构的全局地形综合

完成了对单个流域实体内部进行的地形简化，下面将对全局进行地形简化，即遍历树上的每个点，进行迭代，用相同的方法对每个树结点实现地形简化。该部分算法伪代码如下，其中，输入的是 WatershedTree，表示流域信息树；输出的是 fPoints，表示流域实体内部提取出的地形特征点。

```
1: for each node in WatershedTree  do    //node means watershed
2: boundary = BoundaryOfWatershed(node)   //boundary means boundary of watershed
3: for each vertex in boundary  do   //vertex means point of boundary
4: fPoints = W8D(vertex)
5: end for
6: end for
```

在树形结构中，流域的嵌套关系使得同一块面状小流域在不同树的层次上都进行了特征点的提取，可能出现特征点重复的情况。重复的特征点可能同时来自于根结点代表的流域面和子结点代表的流域面。将所有的流域面叠置，剔除这些重复点。把所有的地形特征点置于一个图层之上，得到整棵树(全流域)上的地形特征点。

6.2.5 DEM的重构

对单个流域边界上每一个点都进行W8D算法，当遍历所有边界上的点后，就获得了该流域内的全部地形特征点。由于在不同尺度或相同尺度流域进行结点遍历时，会取到相同的特征点，该特征点的位置及属性完全相同，因此需要剔除多余点，仅保留其中一个。当所有树结点都使用W8D算法，获得了不同尺度流域内的特征点时，这些树结点中也包含了流域的骨架特征。最后，利用流域的骨架线，构建约束性TIN，进行DEM的重构。

目前，用来构建表面的空间插值方法较多，但DEM生产中多采用TIN构建而后再对TIN插值生成规则格网DEM的方法。这种方法得到的DEM数据结果精度较高。为了防止在插值过程中导致DEM地形模拟失真，采用简化后多层次地形特征点集中嵌入山脊与沟谷地形特征线，构成约束不规则三角网。其中，硬断线通过经典的D8算法获得，以避免三角形跨越地形结构线的问题。为了提高TIN转换为规则格网DEM插值的质量和效果，采用自然邻近点插值法插值，以获得更为平滑的插值效果。最后生成不同阈值下的DEM。

6.3 基于流域信息树W8D算法的地形简化结果

应用流域信息树W8D算法对高分辨率DEM进行地形简化，主要过程为流域信息树各信息结点遍历、树剪枝、八方向射线生成、Douglas-Peucker算法候选特征点选取与简化、构建约束不规则三角网并通过插值生成结果DEM。本节以韭园沟流域1∶10000 DEM数据为基础，进行流域信息树地形简化实验。地形特征点是地形点在地形表达中重要性程度的综合反映，通过设置不同的W8D算法阈值，可提取流域信息树的基本单元——信息结点中不同等级的地形特征点，从而得到不同简化级别的DEM简化结果。不同阈值条件下W8D算法提取出的地形特征点如图6.6所示。

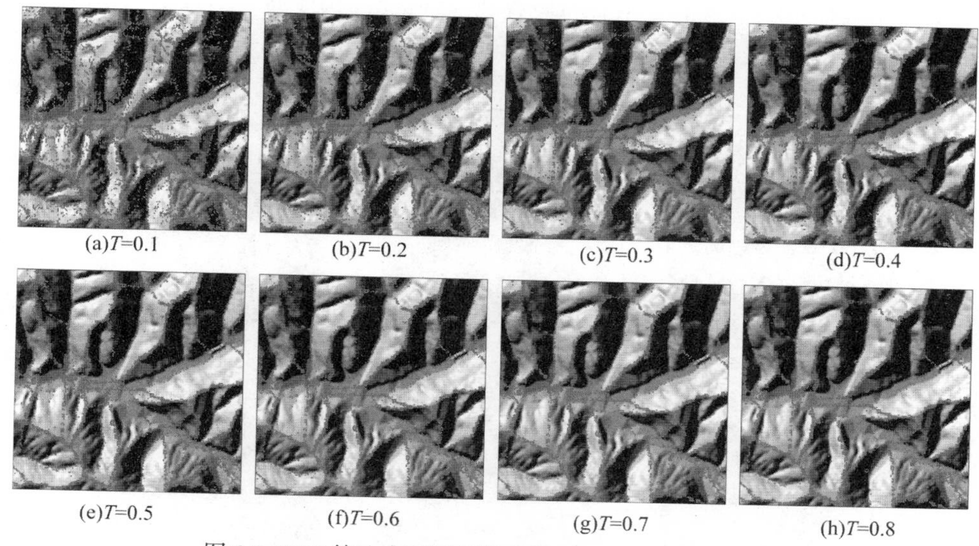

图6.6　W8D算法在不同阈值条件下提取的地形特征点

从图6.6可以看出，当阈值T较小时，处于山脊线和山谷线之间具有细部特征的局部地形点得以保留，因而可以在一定程度上刻画地形的细部特征；当阈值T增大时，低等级的沟谷、山脊和微小的细部点逐渐被综合，高等级的整体结构和形态变化比较明显的特征点得以保留，从而达到不同层次的自包含地形简化需求。在对候选地形特征点进行简化处理后，就可以利用保留下来的地形特征点通过空间插值法构建地形综合后的地形表面。目前，用来构建表面的空间插值方法较多，但DEM生产中多采用先构建TIN而后再对TIN插值生成规则格网DEM的方法。这种方法得到的DEM数据结果精度较高，国家1∶10000与1∶50000 DEM格网数据的构建都是基于TIN方法构建的，因此选用TIN方法进行插值构建DEM表面。为了防止在插值过程中导致DEM地形模拟失真，采用简化后多层次地形特征点集中嵌入山脊与沟谷地形特征线，构成约束不规则三角网，以避免三角形跨越地形结构线的问题。TIN数据最大程度地保留了原始数据中的地形约束条件，它很好地顾及了地形结构特征和几何特征的约束问题，经常应用于实际的地形建模中。

本节为了提高TIN转换为规则格网DEM插值的质量和效果，采用自然邻近点插值法插值，以获得更为平滑的插值效果。自然邻近点插值法是一种局部插值方法，其插值基函数在除结点外的定义域内处处连续且无穷次可微。此方法具有非常好的插值效果，非常适合具有地形断裂线的DEM约束插值。因此，本实验中采用自然邻近点插值法将TIN内插生成规则格网DEM。不同阈值条件下W8D算法提取出的地形特征点嵌入山脊与沟谷地形特征线，构成约束不规则三角网，且经自然邻近点插值后生成格网DEM(图6.7)。

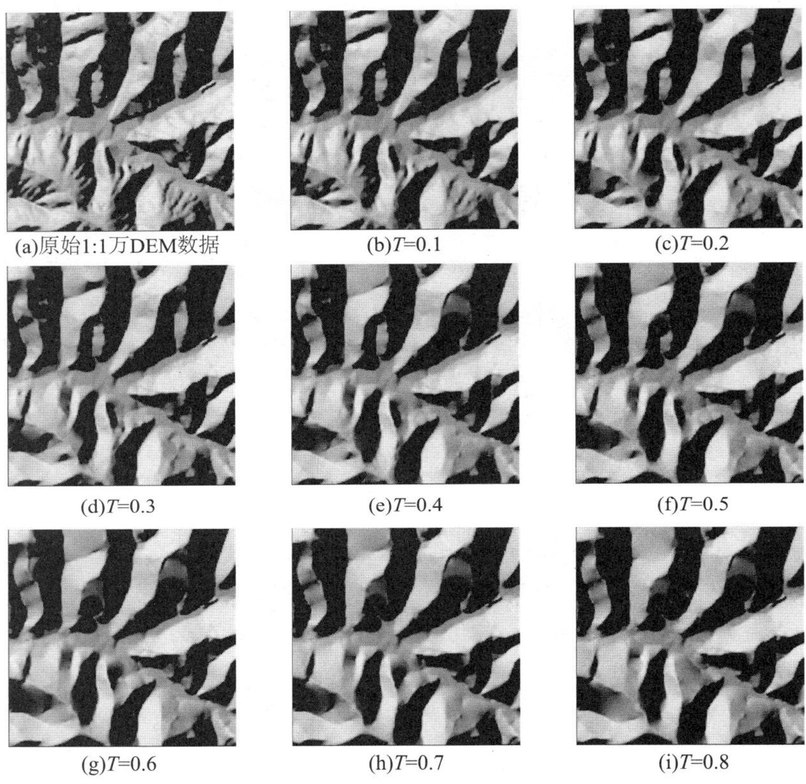

图6.7　不同阈值下W8D算法地形综合后的DEM格网数据

将不同W8D算法阈值简化得到的DEM与原始1∶10000 DEM进行逐像元相减，计算其差值的绝对值，并统计地形综合前后所有栅格像元高程差值的绝对值的平均值和平均值样本标准差。结果如表6.1和图6.8所示。

表6.1　W8D法综合DEM与1∶10000 DEM高程差绝对值精度检验表

	W8D阈值T							
差值平均值	1.510	1.890	2.284	2.600	2.856	3.030	3.198	3.318
平均值标准差	0.007	0.010	0.012	0.015	0.016	0.017	0.018	0.019
样本数	35417	35417	35417	35417	35417	35417	35417	35417

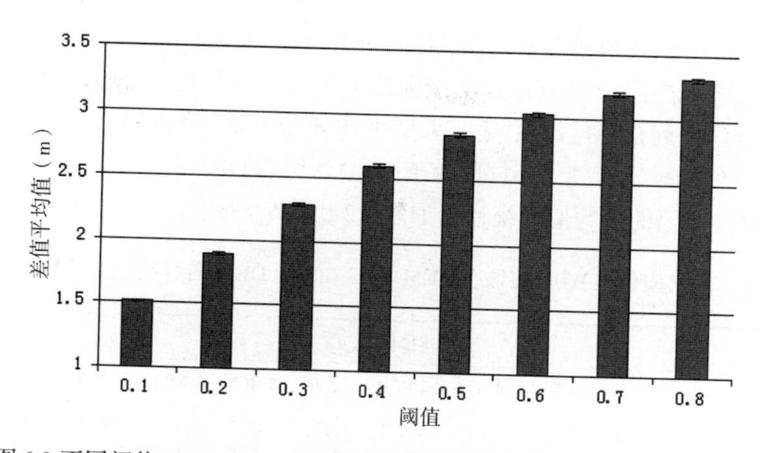

图6.8 不同阈值下W8D法综合DEM与1：10000 DEM高程差绝对值柱状图

从表6.1和图6.8可以发现，随着W8D算法阈值的不断增大，地形的综合程度越来越大，与最原始的1：10000 DEM差距越来越明显，但其标准差值却很小且变化也不大。这反映了W8D算法的地形综合效果非常稳定，在简化过程中DEM数据反映的地形特征得到了很好的保留。W8D算法阈值的确定是应用该方法进行地形简化的关键。而W8D算法阈值的取值主要是由地形简化的目标尺度所决定的；同时，也受到被简化样区自身地形复杂程度的影响，不同地貌类型区的地形简化W8D算法阈值会有较大差异。从图6.8也可以发现，设定的阈值与地形简化程度之间并没有明显的定量关系，所以应根据被简化地区地形自身特征以及简化的目标尺度来决定阈值。应该在不同的W8D算法阈值下提取地形特征点来构建DEM，并对DEM简化结果进行评价分析，以确定与地形简化目标相适应的最佳W8D算法地形综合阈值。

6.4　地形简化效果分析与评价

为了得到与简化目标尺度DEM相匹配的W8D算法阈值，需要在不同阈值条件下生成简化DEM，同时也要进行与特定简化目标尺度DEM偏离误差精度评价。对于不同W8D算法阈值简化得到的DEM，计算逐个栅格高程相减后的绝对值并进行相关统计特征分析。如果简化后DEM高程与目标尺度DEM高程差异明显，说明选定的W8D算法阈值不合适，该算法简化效果不理想，误差较大。只有当简化后生成的DEM序列中的某一个DEM数据与目标分辨率尺度DEM逐个像元差值绝对值的均值为最小时，此时的W8D算法阈值是合适的。本章以该地区国家测绘局生产的1∶50000数据作为地形简化目标尺度DEM，即首先生成不同阈值的简化序列DEM数据；然后采用上述评价方法，分析和研究流域信息树W8D算法阈值的确定问题。不同阈值下W8D法综合DEM与1∶50000 DEM逐个栅格高程差绝对值的平均值等统计量如表6.2和图6.9所示。

表6.2　不同阈值下W8D法综合DEM与1∶50000 DEM高程差绝对值统计表

	W8D阈值 T									
平均值	4.864	4.859	4.856	4.860	4.870	4.868	4.893	4.905	4.925	4.954
标准差	0.017	0.017	0.017	0.017	0.017	0.017	0.017	0.018	0.018	0.018

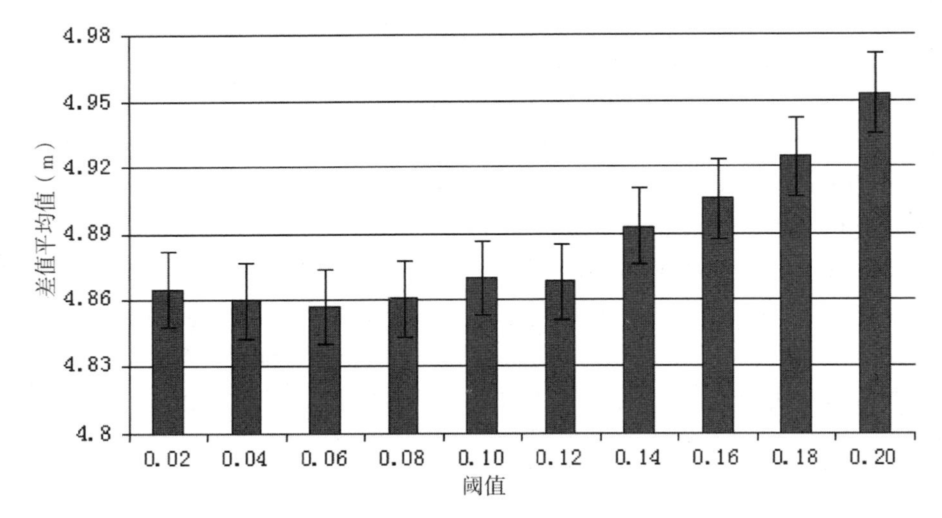

图6.9　不同阈值下W8D法综合DEM与1∶50000 DEM高程差绝对值柱状图

从图6.9可以看出，DEM高程差绝对值的均值统计特征随着W8D算法阈值改变而发生有规律的变化，DEM高程差绝对值成“U”形。当W8D算法阈值从0.02到0.06变动时，高程差绝对值的均值呈现出下降的趋势，且误差平均值都在5 m以下；当W8D算法阈值从0.06到0.20变动时，高程差平均值和标准差都呈现出变大的趋势，且随着阈值增加其差值也快速上升，表明随着W8D算法阈值增加，低等级的地形特征点以及其他地形结构线被忽略，简化后的DEM相对于参考检验栅格DEM误差值越来越大。结合我国1∶50000 DEM精度标准，以及实验样区位于黄土丘陵沟壑区地貌的具体情况，5 m以下的高程误差符合国家1∶50000

DEM生产规范的一级标准。通过分析，当阈值为0.06时，简化后DEM与参考检验栅格DEM误差最小且符合1：50000 DEM生产要求。

目前，地学研究者针对规则格网DEM的自动综合提出了多种方法，常用的有表面综合法、稀疏采样法、VIP法等(王建等，2007a)。本节对同一份DEM数据利用上述三种方法和W8D法进行地形综合，以对比和评价W8D算法的效能。

(1)表面综合法

该方法的基本原理是将一个$R \times R$的格网作为一个模片，在DEM的X和Y两个方向上移动；每到一个地方，对该模片下的地形进行综合。综合的方法是将整个范围的高程简单平均或加权平均。这种方法同图像处理中的滤波很相似，可以每次将模片移动一格，也可以移动多格，这样相邻两次的模片位置具有重叠性。采用1：10000 DEM中每5行5列共25个格网高程的平均值作为综合后1：50000 DEM相应格网点高程值的方法，就是表面综合法由1：10000综合到1：50000 DEM的具体实现方式(李志林等，2003；王建等，2007b)

(2)稀疏采样法

该方法的原理是对于规则格网的原始采样点，通过等间距网格重采样，生成精细程度较低的一级模型。采样点越少，则经综合后删除的点就越多，综合后生成的地形就越粗糙。从原始数据中以不同形式对格网点进行选择，稀疏采样的结果也会有所不同。利用稀疏采样法将1：10000 DEM综合到1：50000 DEM时，需要在1：10000 DEM中每5行和5列选取一个点，但该点处于4个相邻格网的公共点上。为了直接采集到高程值，可选择这4个格网中任意一个格网的高程值作为综合后该格网的高程值(Li，1992；李志林等，2003；王建等，2007b)。

(3)VIP法(保留重要点法)

这是一种保留规则格网DEM中重要点来综合DEM数据的方法。它是根据局部领域内地形起伏的状况来选点，通过比较计算栅格点的重要性，来保留重要的栅格点。重要点(VIP)通常是通过3×3的模板来确定的，它根据相邻的八个高程值来判断模板中心是否为重要点。格网点的重要性是通过它的高程值与相邻的八个点的高程值内插值进行比较，当差分值超过某个设定的阈值时，格网点就被保留下来(Chen et al.，1987)。

本章通过与其他常用DEM综合方法进行测试对比，以评价和比较W8D算法的效能和可用性。为保证不同地形简化方法间的可比性，以下对各种综合方法进行评价时，都是对绥德地区同一份DEM数据进行地形综合，均由1：10000综合到1：50000，同时与该地区已有的1：50000原始DEM数据进行对比。图6.10是用不同综合方法对绥德DEM数据进行地形综合后得到山体晕渲图。

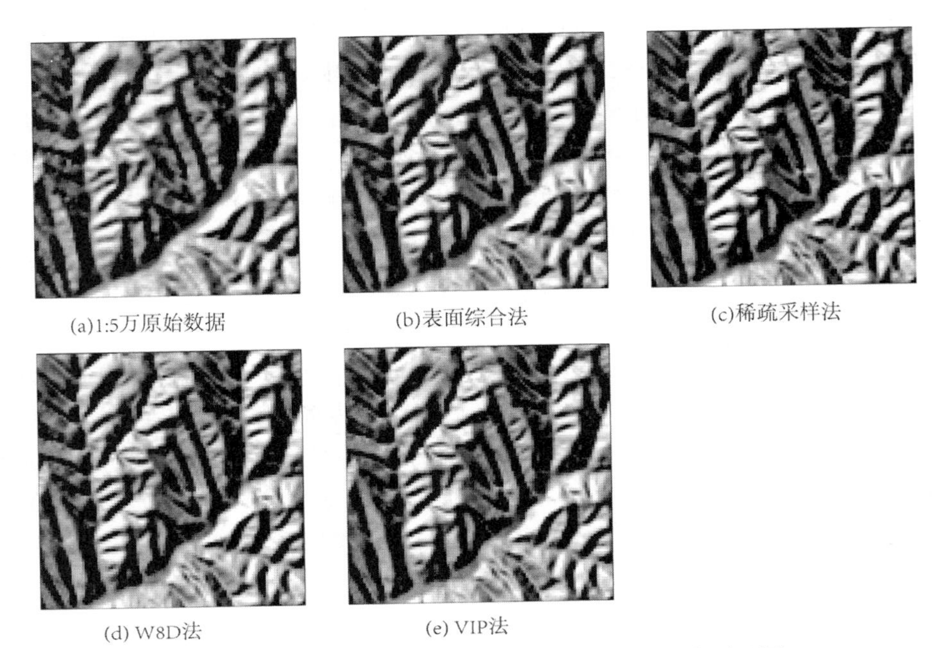

(a)1:5万原始数据　(b)表面综合法　(c)稀疏采样法

(d) W8D法　(e) VIP法

图6.10　不同地形简化算法地形简化效果局部放大对比图

在实际应用中，常用的评定方法有反生等高线叠置对比分析法、高程值分布统计法和派生坡度坡向分析法等。

(1)反生等高线叠置对比分析法

等高线的分布状况能重构出地貌的立体形态特征，如山顶、山脊、斜坡、鞍部和谷底等。因此，通过对等高线匹配效果进行叠置对比，可使得对DEM 数据所表达的地表形态质量的评价更加直观准确(董有福，2010；王建等，2007a)。

(2)高程值分布统计法

最直接的DEM数据评价方法就是对DEM综合前后的高程值进行比较，主要对比各种综合方法进行地形综合前后的高程值的分布情况。该方法能从总体的角度分析不同综合方法对DEM高程值的影响程度(王建等，2007a)。

(3)派生坡度坡向分析法

在地形特征基本因子中，坡度和坡向是地表形态最重要的标识量，其中坡度反映坡面的倾斜程度，坡向反映地形坡面的朝向。因此，坡度和坡向值是地形综合前后DEM精度评定必须要考虑的内容之一，主要包括地形综合前后坡度值范围、坡度坡向频率分布等统计特征比较(董有福，2010)。

刘学军(2009)提出，尺度转换后空间对象应该尽可能地保持原始对象的统计特征、空间自相关特征和地形结构特征；那么，对于地形简化而言，DEM地形简化结果与简化目标尺度DEM间同样也应该满足以上特点。本章利用以下几种方法对W8D法地形简化的效能分别进行评价。

(1)反生等高线的叠置对比评价

等高线的疏密分布情况能够反映真实的地貌立体形态，因此，通过对等高线的分布情况进行叠置比较，可以对比不同地形简化方法在表达地表形态方面的差别和效能。反生等高线的的偏移、吻合和局部变化情况可以间接反映出地形简化方法的优劣。图6.11是研究样区局部放大后的各种综合算法和1∶50000 DEM反生等高线分布叠置比较图，其中细线条表示的是1∶50000 DEM生成的等高线，粗线条是由1∶10000 DEM通过各种综合算法生成格网DEM反生的等高线。从图6.11中山顶圆圈部分和位于图形上部呈水平状的高程比较低的河谷部分可以看出，相对于其他算法而言，W8D算法反生的等高线与原始1∶50000 DEM分布基

(a)表面综合法　(b)稀疏采样法

(c) W8D法　(d) VIP法

图6.11 DEM综合前后派生等高线叠置对比分析

本一致，较好地保留了最大与最小值，等高线的走向基本一致，没有出现整体偏移的情况，这主要是由W8D算法是以流域为基本单位、山脊线与山谷线皆被保留的特性决定的。

(2) 高程值分布统计评价

采用四种综合方法得到的高程值分布情况如图6.12所示。从图中可以看出，该区域的国家1：50000原始DEM数据和各种综合方法地形综合后的1：50000 DEM数据在10 m高程间隔范围内，在不同的间隔内差别是不一样的。在该地区，高程在1000 m左右的栅格数占的比重最大，在此高程区间内W8D法与原始1：50000 DEM地形分布频率最为贴近，在各种地形综合算法中具有比较好的表现。究其原因，主要是因为W8D地形综合方法考虑了区域内的地形特征信息，较好地保留了区域内的关键高程点，减少了重要的高程点数值发生变化的可能。W8D法的综合结果是通过Douglas-Peucker算法利用八方向射线对流域内部进行简化而得到的，所以简化值提取的仅是流域内部原始DEM数据特征高程点的一个子集。因此，要想提高在流域内部的特征点与原始DEM数据的匹配吻合程度，需要增加射线的方向数，可以采用16个方向或者更多的方向，这样就可以大幅度增加内部特征点的数目以提高相应的精度。

(3) 派生坡度坡向分析评价

图6.13是四种地形综合方法简化后得到的DEM采用3°等间距分级得到的坡度分布频数及其与原始1：50000 DEM相应坡度频数变化的对照图和差异图。其中，

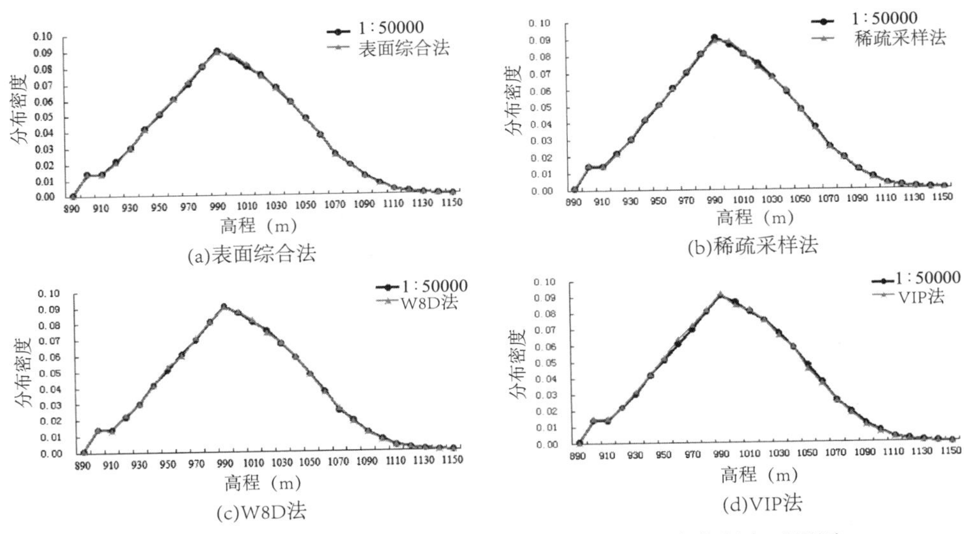

图6.12 简化DEM与1：50000 DEM高程区间分布频率对照图

坡度频率变化对照图横坐标表示每隔3°的坡度值，纵坐标表示具有该坡度值的栅格个数和总栅格数的比重值。差异图表示各种地形综合方法与原始1：50000 DEM在相应级别上的个数差异（多为正，少为负）比重值。从图6.13中可以看出，稀疏采样法、W8D法简化得到的DEM与1：50000 DEM提取的坡度总体分布特征基本相似且具有较好的相关性，每个坡度级别上个数变化比较小，最多的也没有超过0.5%；表面综合法和VIP法则差异明显，特别是表面综合法差异比较大，最多的差异值接

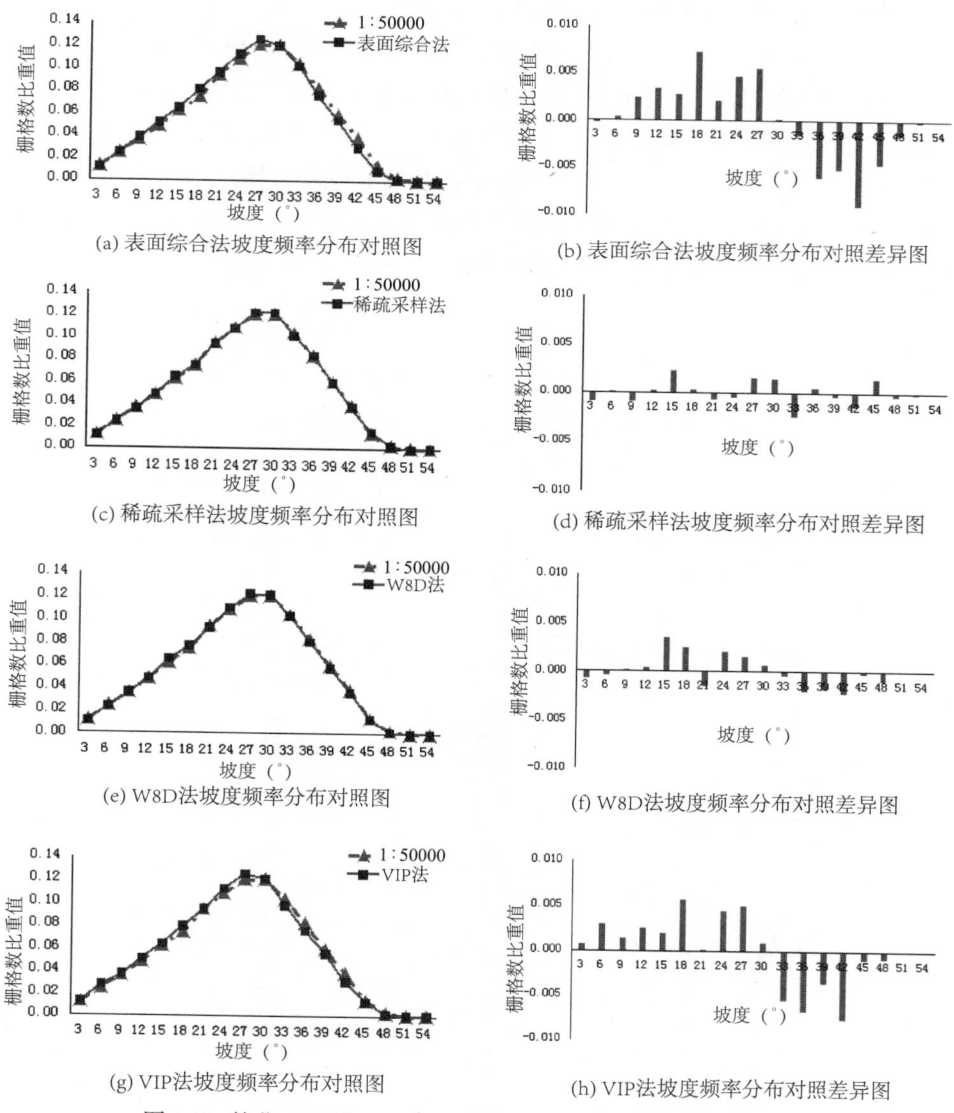

图6.13　简化DEM与1：50000 DEM坡度频率对照图和差异图

近1%。究其原因在于，对于实验样区黄土丘陵沟壑区地形，表面综合法和VIP法在地形简化过程中忽略了部分地形结构线（山脊线和山谷线）上的特征点，而W8D法则保留了山脊线点和山谷线点。对于不同地形简化方法对地形的特定部位坡度值产生的影响，还需作进一步的探讨和研究。

图6.14是四种地形综合方法简化后得到的DEM采用八个方向分组后得到的坡向频率风玫瑰图。从坡向频率风玫瑰图中可以看出，相对于1∶50000 DEM的坡向分布特征，四种简化方法得到的DEM坡向在同一方向上出现的频率与原始1∶50000 DEM基本相同，表明不同简化方法对栅格单元坡向值影响较小。

值得说明的是，在地势起伏不明显的地区，单个栅格上高程微小的变化都有可能导致该点切平面方向的改变，从而使该点坡向值发生较大的变化；在丘陵沟壑区，由于地形起伏较大，即使单个栅格点高程具有一定差异，但对其切平面方向影响不大，对该栅格单元坡向计算结果影响也较小。同时，坡向频率风玫瑰图是在八个方向基础上制作的，由于仅把坡向分成八个组别，可能会把某一区间范围更小

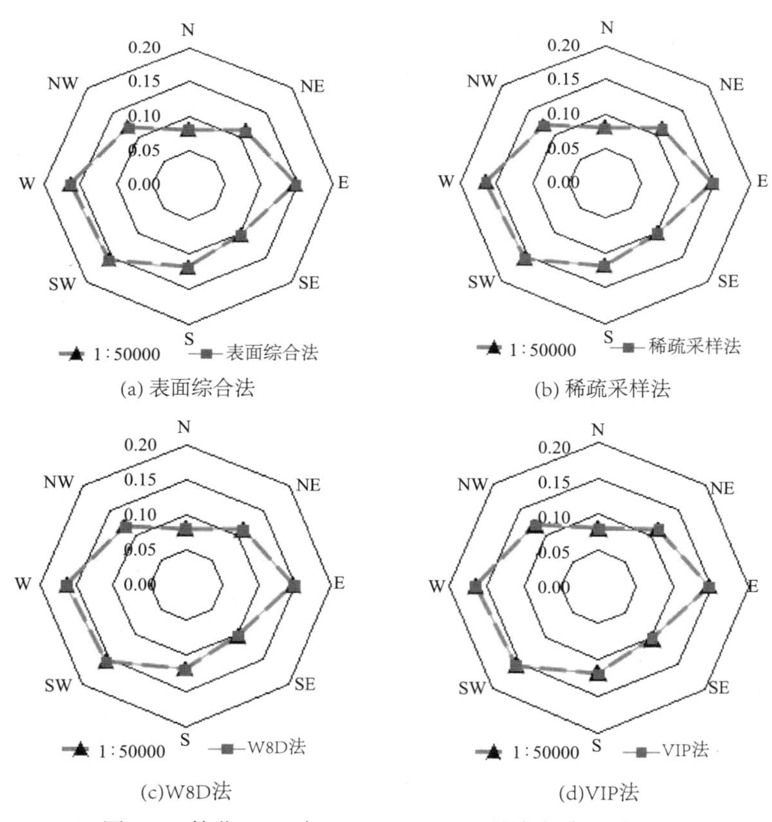

图6.14 简化DEM与1∶50000 DEM坡向频率风玫瑰图

特定方向变化比较大的坡向信息削弱,从而掩盖了不同简化方法对坡向的影响。

6.5 小　结

本章介绍了DEM地形简化的重要应用价值和目前常用的地形综合方法,在此基础上提出了基于流域信息树理论的W8D法进行DEM地形简化的详细方案,并以国家1∶50000 DEM作为地形简化目标尺度,重点探讨了W8D算法阈值的确定与评价,最后结合常用的其他地形综合算法对W8D法地形简化效果进行了纵向对比和综合评价。

实验结果表明,应用W8D法进行地形简化在方案上是可行的。我们可以根据地形简化目标尺度DEM确定合适的W8D算法阈值,来设置流域内部关键地形特征点的疏密程度,同时也可以根据需要增加射线的方向数来提高地形细节的表现情况。该方法可以有效保留地形骨架特征,从而满足不同层次地形建模和表达要求;能够较好地保持高程统计特征和地形结构特征,同时从中提取出的基本地形参数与1∶50000 DEM一致性程度较高,在技术上易于实现和开发。

目前,本实验是在黄土丘陵沟壑区进行的地形简化实验研究。那么,应用该方法在不同地貌类型区进行地形简化需要作哪些改进?相关参数如何设定和调整?效果和实用性如何?还需要作进一步的研究和分析。

第7章　基于流域信息树的地形特征线等级划分研究

本章以流域信息树理论为基础,提出了一种基于树形结构的地形骨架线——山脊线的等级划分方法。首先,通过树形结构模型对流域特征信息进行多属性指标分析;然后,运用Jenks自然裂点法和*k*-means聚类分级法对山脊线等级进行分类并定级;最后,通过与其他方法的划分结果进行分析与对比,验证山脊线等级划分结果的合理性,并对流域信息树在地形特征线等级划分方面的应用进行了效果分析和评价。

7.1　地形特征线理论概述

地形特征线是地貌形态的骨架线,是描述地貌形态结构的重要控制线(孙嘉骏等,2014)。DEM中蕴含着各种地形地貌特征,其中的山脊线、沟谷线是最为典型的结构特征信息,它是地形起伏变化的分界线(黄培之等,2004;孔月萍等,2012)。对于利用DEM数据进行地形特征线提取,前人做了大量研究。O'Callaghan & Mark(1984)提出坡面流模拟法提取沟谷线;闾国年等(1998)基于地貌形态结构定义,设计了沟沿线提取算法;宋效东等(2013)提出了并行GVFSnake沟沿线提取算法;吴艳兰等(2006)提出数字地表流线模型应用于沟谷线的自动提取、汇流区自动分割和分水线网络的自动提取;胡鹏等(2007)研究了地形结构线与高程特征点对DEM保真的重要性;董有福等(2013)应用微分几何法赋予合理的语义信息量权值提取地形结构线;王卫星等(2013)提出山谷脊的边界扫描算法去除噪声边界,用于浮选气泡的提取。

此外,地形骨架线在流域的水文分析、水土流失监测及水保规划等很多方面起着重要作用(陈楠等,2004;孔月萍等,2012;吴艳兰等,2007)。山脊线与沟谷线在地形中具有层次等级特征,反映了地貌生成的层次性机理过程和地貌特征点的重要性等级(贺文慧等,2011)。地形特征线等级层次的判定也是语义地形信息量计算的关键因素(董有福等,2012),因此,地形特征线的等级划分具有重要的研究意义。关于沟谷线的等级划分,前人已有诸多研究。早在1914年Gravelius提出以序列原则对沟谷等级划分,Horton于1965年提出了沟谷的组成定律,认为沟谷具有和谐的等级和空间关系,其结构特征和数量关系可用Horton定律进行描述(Horton,1945; J,1965; 承继成等,1986)。谢轶群等(2013)基于Strahler河流分级法建立了相应的分类标准,对沟谷特征点进行了自动分类。

然而,对于沟谷所对应的正地形的主结构线——山脊线的等级结构特征研究,主要集中于山脊形态及其组成的描述性探讨,以及对山脊与山谷耦合特征方面的研究,在山脊线等级层次研究方面涉及较少。其实,山脊与沟谷一样具有明显的等级层次结构。由于山脊线与沟谷线在空间分布结构等方面的差异,现有的沟谷等级划分方法并不能直接用于山脊线等级的划分。流域是基本的自然地理单元,以流域为单位可以窥探整个地貌类型的基本特征。山脊线正好是流域的分界线,沟谷线是提取流域水系的重要指标,所以,地形骨架线研究是流域地貌形态研究很好的切入点。因此,我们提出了一种新的利用树形结构多属性组合分析进行山脊线等级划分的方法,为地形特征线的等级划分提供参考。

7.2 结构线等级划分原理与方法

传统基于DEM技术对流域地貌系统研究的着眼点基本是某一尺度和某几个指标,难以实现顾及地貌特征的多尺度和多样性。然而,流域信息树模型是由不同尺度流域构建而成的,它可以综合考虑地形的整体与局部特征,因此,本章在流域信息树模型的基础上,提出了一种山脊线等级划分的新方法。

山脊线的等级应能反映地形的层次结构关系,即在同一区域内,能够同沟谷等级相匹配。与沟谷等级一样,对应等级的山脊线应能刻画相同等级的地貌形态且在等级数目上与沟谷等级保持一致。山脊线与沟谷一样具有明显的等级层次结构,山脊线具有分水性,山脊线也是相邻两个流域的分水岭;在地形起伏较大、流域发育明显的山区,沟谷线与山脊线纵横交错分布,结构与形态具有一定的相似性。但山脊线与沟谷线也有明显的差异:沟谷线内部是连续的,沟谷线中每个栅格单元水流从地势高处流向低处,并最终在流域出水口汇聚;而山脊线则不具备这种性质,山脊线由正负地形分割,表现为不连续的空间分布结构。因而,现有的沟谷等级划分方法并不能直接用于山脊线等级的划分。

山脊线等级与沟谷线等级具有匹配性关系,两条较大的沟谷之间,必然有较大的分水岭将其分隔；同一沟谷的不同分支之间，必然有较小的分水岭将分支隔开。大的山脉与沟谷共同控制了地形的整体特征，小的山脉与沟谷共同控制地形的局部特征，然而，山脊线等级和沟谷线等级却并不能一一对应。基于DEM提取的沟谷分水线一般是闭合曲线，即较高级别流域的分水线囊括了较低级别流域的分水线。同一段山脊线，既可能是三级沟谷的分水线，同时也可能是二级沟谷和一级沟谷的分水线。山脊线的等级，对山脊线在流域中分水作用级别以及是否构成地形特征线具有重要意义，因此可以将山脊线对应的流域分水线最高级别设定为山脊线的等级。等级较高的山脊线为主脉，分隔等级较高的沟谷；等级较低的山脊线是高等级山脊线的支脉，分隔等级较低的沟谷。

流域信息树模型是由不同尺度流域构建而成的，它可以综合考虑地形的整体与局部特征，因此，可利用树形结构的多属性组合分析进行山脊线等级划分。

7.2.1 山脊线等级划分参数的选择

“树”结点属性参数的选择至关重要，要求是物理意义明确、地学特征明显、描述角度全面的定量化指标，它是树形结构定量化研究流域地貌的基础。经过对相关指标综合分析发现，流域的面积、起伏度以及流域在“树”模型中的位置三个特征参数能够较全面地刻画山脊线的等级层次。因此，本章以“树”结点多属性组合分析方法为基础，综合考虑对应流域的面积、起伏度以及“树”结点在树形结构模型中的位置权重三个特征参数，将它们作为山脊线等级划分的依据。流域面积是流域最基本的属性之一，其与流域级别间存在着关联关系(承继成等，1986)。起伏度是流域内最大高程与最小高程之差，能够反映流域内地形的起伏状况。流域在“树”模型中的位置是指流域对应结点在流域信息树模型所处的层数，不同结点的层次值是其在树形结构重要性级别的反映。结点的位置权重由其所在树结构中的层数决定，层数越高，权重越大。树的根结点所在的层为最高值，深度最深的叶子结点所在的层为最低值，其他结点依次从下到上确定其值。

7.2.2 结点属性数据的标准化预处理

利用不同评价方法对复杂的多指标数据进行综合分析时，需要建立广泛而全面的评价分析指标。由于各个指标间计量单位和数量级不完全相同，从而使得各指标之间不具有综合性，不便于直接进行综合分析，此时必须采用某种方法对各指标数值进行无量纲化处理，解决各指标数值间不能综合处理的问题。目前，进行数据标准化处理的方法大致有四种，即总和标准化、标准差标准化(*z*-score标准化)、极大值标准化和极差标准化。本节在进行山脊线等权重分级和*k*-means聚类分级时分别采用极差标准化和标准差标准化，其计算公式如式(7.1)和(7.2)所示：

$$S_i=\frac{X_i-X_{\min}}{X_{\max}-X_{\min}} \tag{7.1}$$

$$S_i=\frac{X_i-\mu}{\sigma} \tag{7.2}$$

式中，S_i为标准化后值，X_i为第i个样本的值，$X_{\min}$为所有样本中的最小值，而$X_{\max}$为所有样本中的最大值，μ为样本的平均值，σ为样本的标准差。采用标准差标准化法对变量数据进行标准化处理，是将某变量中的原数据减去该变量的平均数，然后除以该变量的标准差。经过标准差标准化后所得的新数据，将有约一半原数据的数值小于0，另一半原数据的数值大于0，变量的平均数为0，标准差为1。采用极差标准化方法对变量数据进行无量纲化处理，是通过利用变量取值的最大值和最小值将原始数据转换为界于某一特定范围的数据，来消除量纲和数量级的影响。经标准化的数据都是没有单位的纯数值，对变量进行的标准差标准化可以消除量纲(单位)影响和变量自身变异的影响。

7.2.3 等级划分的方法

分级的主要内容是找出关键的临界值，增强同级间的同质性和各级间的差异性，客观反映数据的分布特征，以数据的集群性作为分级的重要依据。分级界限应该在数据变化显著的位置上，使各级内部的差异尽可能小，各等级之间的差异尽可能大。Jenks自然裂点法是通过使用统计方法查找数据值差异相对较大的相邻要素对来确定分类间隔。*k*-means算法是用来解决聚类问题常用的非监督学习算法之一，它将一组数据划分为预先设定好的k个簇，其主要思想是为每个簇定义一个中心。簇的中心设置至关重要，不同的簇中心位置会产生不同的聚类结果。因此，簇中心最好是选择使它们相互之间尽可能远的位置。接下来将数据中的每个点与距它最近的中心联系起来。如果再无数据点与相关中心相联，那么第一步就结束了，初步聚类过程也相应完成。此时，根据上一步所产生的结果重新计算k个中心作为各个簇的中心。一旦获得k个新的中心，再重新将数据中的点与距它最近的新中心进行设置。通过不断的循环迭代，聚类的k个中心逐步改变它们的位置，直至簇中心位置不再发生变化为止。*k*-means算法对于随机选取的初始簇中心非常敏感，可以通过多次执行该算法来减少初始中心敏感的影响。*k*-means算法是非监督的、非确定的、迭代的，非常适用于产生球状簇。该算法旨在使最小化误差平方目标函数的值最小，其公式如式(7.3)所示。

$$J=\sum_{j=1}^{k}\sum_{i=1}^{n}\left\|x_i^{(j)}-C_j\right\|^2 \tag{7.3}$$

式中，$\left\|x_i^{(j)}-C_j\right\|^2$为数据点$x_i^{(j)}$到簇中心$C_j$的距离度量，它是$n$个数据点与其各自簇中心的距离。该算法由以下几个步骤构成：

1）设定划分数据的簇类数k值。

2）初始化k个簇中心位置。

3）通过计算将对象设定给最近的簇中心并确定N个对象的簇隶属关系。

4）估计k个簇中心。

5）通过不断迭代计算，如果N个对象无一再改变隶属关系，则退出；否则，转到第3步继续执行。

Jenks自然裂点法和k-means聚类初步分级，只是将山脊线分成若干簇类，没有高低等级之分。由于沟谷线划分等级研究比较健全，本章利用沟谷线与山脊线间的对应关系进行级别的确定。利用ArcGIS软件河网分级工具中的Strahler法来确定河网分级的最高级别，以确定与其对应的山脊线最高级别数目。河网分级是将级别数分配给河流网络中的连接线且能根据支流数对河流类型进行识别和分类的方法；仅需知道河流的级别，即可推断出河流的某些特征。

根据上述方法确定流域边界的级别后，由于相邻流域间和不同尺度流域间存在公共边界线的问题，通过对流域边界线图层进行空间叠置分析，用所确定的流域边界最高级别作为对应山脊线的级别，以解决边界线重复定级的问题。由于基于DEM流水模拟法提取的流域分水线均为闭合曲线，其中还包括位于负地形部分的沟坡地与沟底地，与实际山脊线分布情况不符合，需要进行正负地形修正。利用DEM提取局部区域内相对高的正地形进行剔除处理，消除负地形部分，最终得到山脊线分级结果。

7.3　结果与分析

选用流域边界比较明显的绥德典型样区中一个完整子流域——韭园沟流域作为实验区。通过Strahler法计算得到此研究区沟谷等级数为5，因此将山脊线最高分级数也设置为5级。利用Jenks自然裂点法和k-means聚类法两种不同的方法，根据树形结构的每个结点对应的位置权重、流域面积和地形起伏度对流域边界线进行分级。等权重分级法采用极差标准化法对数据标准化并求三个指标的平均值，然后用Jenks自然裂点法进行初步分级；k-means聚类分级法采用z-score标准化法对数据进行标准化，然后用k-means聚类法进行初步分级。利用SPSS软件进行数据标准化和k-means聚类定级，表7.1和表7.2分别是k-means聚类法各簇类的中心指标值和各簇类中心间的距离；表7.3是流域边界等权重Jenks分级和*k*-means聚类分级的结果。

表7.1 *k*-means聚类法迭代后簇类中心指标值

	Cluster 1	Cluster 2	Cluster 3	Cluster 4	Cluster 5
面积S	3.763	0.127	−0.280	−0.200	15.986
地形起伏度RF	2.549	0.652	−1.226	0.049	4.722
位置权重H	2.115	0.920	−0.070	−0.716	3.417

表7.2 *k*-means聚类法各簇类中心间距离

簇类	Cluster 1	Cluster 2	Cluster 3	Cluster 4	Cluster 5
Cluster 1	0	4.271	5.947	5.475	12.483
Cluster 2	4.271	0	2.162	1.774	16.562
Cluster 3	5.947	2.162	0	1.432	17.666
Cluster 4	5.475	1.774	1.432	0	17.347
Cluster 5	12.483	16.562	17.666	17.347	0

表7.3 流域边界等权重Jenks分级和*k*-means聚类分级结果表

序号	面积S(km^2)	地形起伏度RF(m)	位置权重H(层)	样本距*k*-means簇类中心距离	等权重Jenks分级流域边界线级别	*k*-means聚类流域边界线级别
1	0.011	54.672	1	1.829	1	1
2	0.025	93.011	1	1.334	1	2
3	0.041	94.821	1	1.309	1	2
4	0.028	154.761	2	0.994	2	2
5	0.022	113.073	3	0.255	2	2
…	…	…	…	…	…	…
1023	2.048	249.202	9	1.502	5	4
1024	8.109	287.411	9	3.418	5	5
1025	2.192	228.524	9	1.180	5	4
1026	12.349	319.903	10	3.418	5	5

根据表7.3的流域边界线级别，对流域边界线图层进行空间叠置分析计算山脊线的级别，对正地形进行剔除处理，最终得到山脊线分级结果。山脊线分级结果及其与沟谷线分级结果对照图如图7.1~图7.4所示。

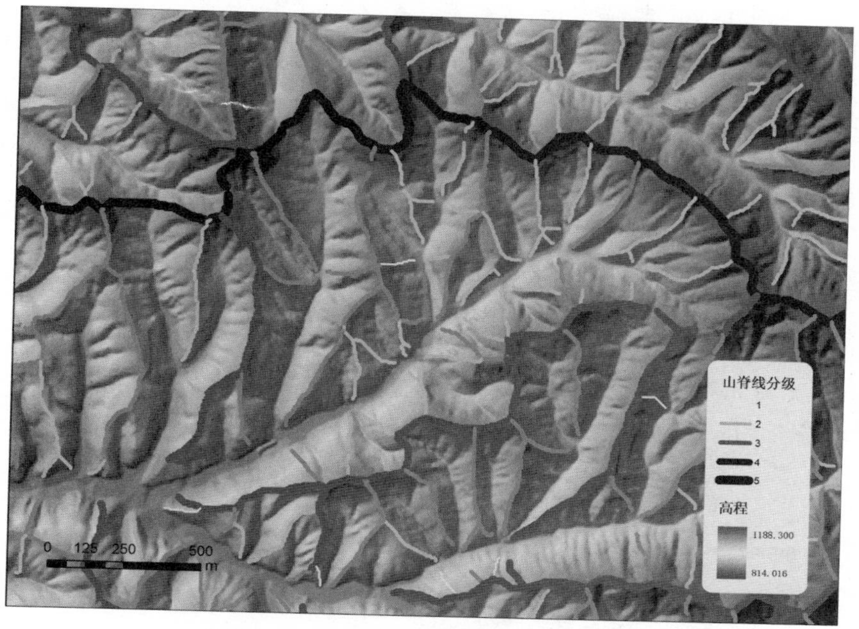

图 7.1 *k*-means 聚类法山脊线分级示意图

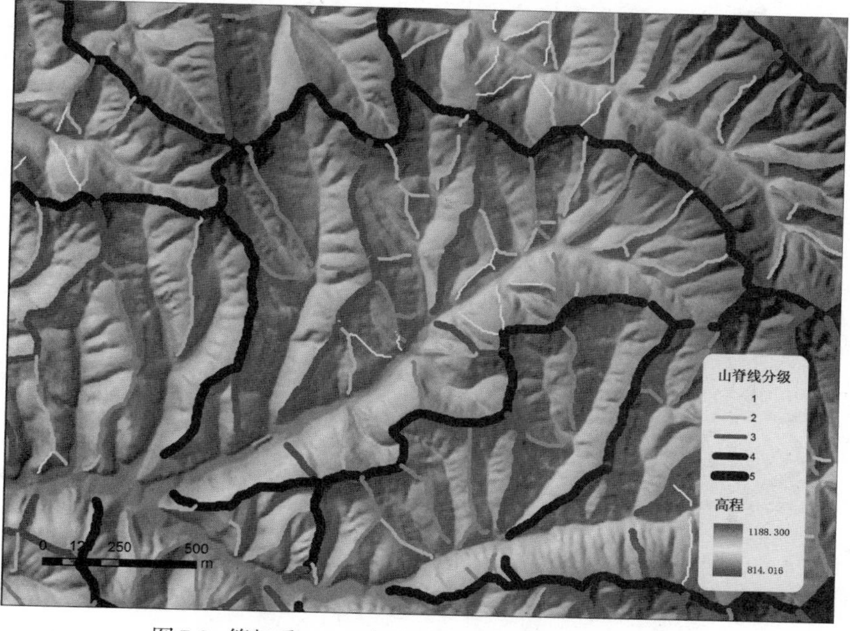

图 7.2 等权重 Jenks 自然裂点法山脊线分级示意图

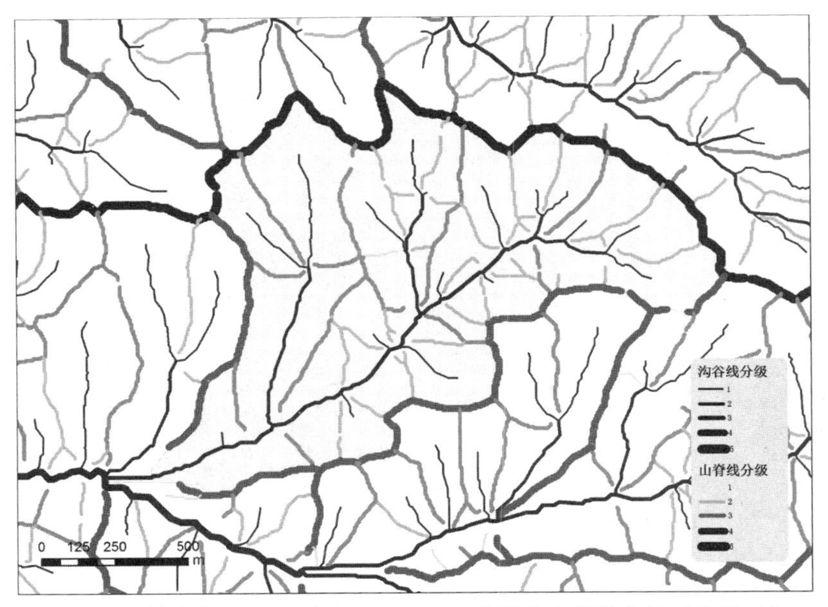

图 7.3　流域沟谷 Strahler 分级与 *k*-means 聚类法山脊线分级对比示意图

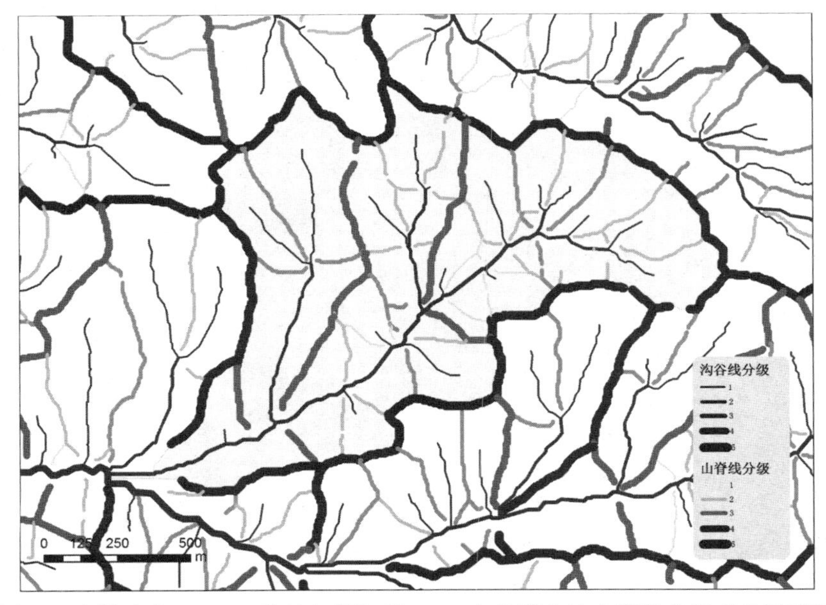

图 7.4　流域沟谷 Strahler 分级与等权重 Jenks 自然裂点法山脊线分级对比示意图

由图 7.1~图 7.4 可知，高等级的山脊线控制了地形整体特征，低等级的山脊线刻画了正地形局部变化，山脊线的等级较好地反映了正地形的整体特征与局部变化。在形态结构上,不同等级的山脊线表现为与沟谷类似的分支结构,山脊线等级将山脊分为主脉与支脉。等级高的山脊线连续且长度较长,为主脉;等级低的山脊线长度短小,为支脉。各支脉主要分布在主脉的两侧。层次分明的山脊线分级结果是完全建立在树形结构理论和树形结构多属性组合分析的基础之上的。图 7.2 显示出山脊分级结果与沟谷相对应,各个级别山脊反映了其分割流域规模的大小和发育等级,体现出一定的合理性。

贺文慧(2011)提出以山脊线对应的流域最高级别确定山脊线等级的方法。我们运用该方法对同一块实验子流域进行等级划分,得到如图 7.5 所示的结果。

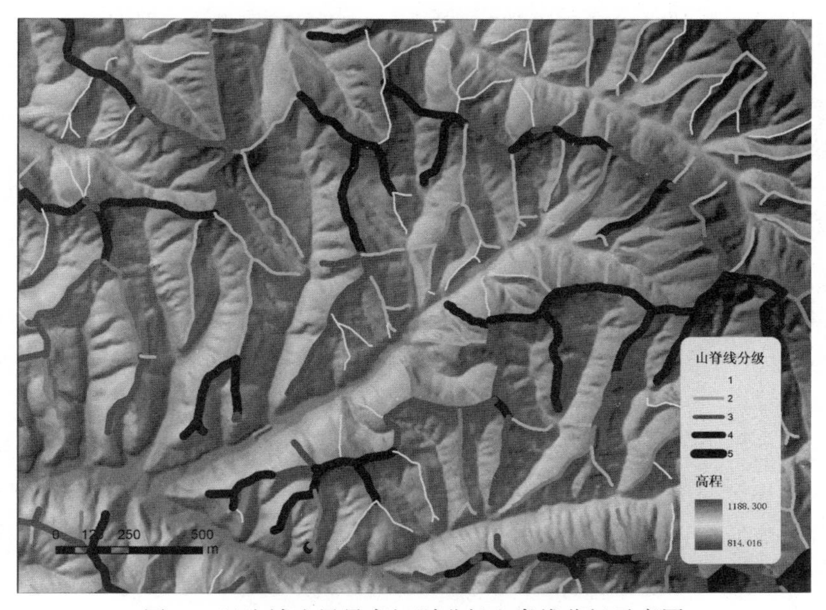

图 7.5　以流域边界最高级别进行山脊线分级示意图

比较图 7.1 和图 7.5 可以发现,利用树形结构多属性组合分析进行山脊线等级划分的方法,具有更好的等级层次性及连续性。仅以多尺度流域边界叠置结果作为山脊线划分等级的依据,尽管能够刻画山脊线的大致等级,但是由于忽略了其他如面积、地形起伏等因素对划分山脊线等级的影响,会使山脊线等级层次出现不连续和层次等级突然跳跃的问题。树形结构多属性组合分析方法由于综合考虑了流域的面积、起伏度和流域尺度等多因素对山脊线定级的影响,使得山脊线等级的划分取得了相对较为理想的效果。

树形结构模型是由不同尺度的流域构建而成的"树"形层次组合,能够体现出流域的尺度特征；“树”结点中可以无缝地融合各种所需指标参数，对山脊线的特征信息进行综合考虑分析。不同等级的山脊线具有与沟谷线相似的分支结构，通过基于“树”形结构的多属性指标分析方法可以较好地实现山脊线等级的划分。利用基于树形结构的多属性指标分析方法对山脊线进行等级划分，能够比较全面地考虑流域的层次特征与山脊线的特征信息，具有一定的合理性。

7.4 小 结

本章以流域信息树理论为基础，提出了一种基于树形结构的地形骨架线——山脊线的等级划分方法，并通过具体实验验证了山脊线等级划分结果的合理性。

实验结果表明，层次分明的山脊线分级结果是完全建立在树形结构理论和树形结构多属性组合分析的基础之上的。树形结构多属性组合分析方法由于综合考虑了流域的面积、起伏度和流域尺度等多因素对山脊线定级的影响，使得山脊线等级的划分结果层次明显且山脊分级结果与沟谷相对应，各个级别山脊反映了其分割流域规模的大小和发育等级，相对而言取得了较为理想的效果。

基于DEM的树形提取和构建，会受到来自高程数据采样精度、地形描述精度以及DEM分辨率等多重因素的影响；传统的基于汇流累积量的水网分析方法也存在诸多缺陷。如何有效消除这些不确定因素的影响，实现对多尺度流域的树形结构的有效提取，还需要继续深入探讨。本章仅选用信息结点的几个最为基础的参数因子展开研究，这是远远不够的；在接下来的工作中，需要在多因子条件下，系统分析流域信息树物理意义和地貌学含义，从而进一步完善基于树形结构山脊线重要性划分的理论基础，形成多因子多角度的分析方法体系。

第 8 章　结论与展望

8.1　结论与创新

流域信息树是对流域地貌系统中的流域形态结构起重要控制作用的核心构架，它既是流域结构的“骨骼”，又是各尺度流域指标参数有序组合的“信息容器”。它是一种综合不同观测尺度、认识和描述复杂流域地貌形态特征的方法和模型。流域信息树是黄土高原地区的流域体系中，按照空间包含关系，由不同尺度的流域构建而成的“树”形层次结构组合，是具有一定尺度特征、层次结构和空间结构的一系列小流域及其指标信息参数的有序集合。

本书主要研究工作及其结论包括以下六个方面：

(1) 提出了流域信息树的理论概念模型。指出流域信息树是以“树”形抽象表达与流域信息指标单元相结合对流域地貌形态进行抽象概括和定量描述的研究理论和方法。不同形状的流域信息树反映和刻画了不同流域地貌的嵌套结构特征，可以较好地刻画流域地貌形态的空间变异规律；同时，流域信息树也是多层次多尺度地形结构形态最直接、最简单的描述方法。

(2) 分别阐述并解释了流域、流域信息树、信息结点等概念及其相互关系，分析研究了流域信息树的层次结构性、结构差异性、可度量性、分辨率可变性等基本性质以及流域信息树本身所表达的地学含义、存在条件、影响因素和不确定性。通过对流域信息树理论与方法体系的深入探讨，进一步加深了对流域信息树的认识和理解。

(3) 分别从形态结构和属性信息方面提出了流域信息树的指标量化体系。构建了流域信息树形态结构的量化表达方式，提出了复杂度β指数、连通度γ指数、层次梯度S指数等流域信息树形态结构量化指标；提出了在流域信息树各层次结点中无缝融合流域各种参数指标的内容即结点属性指标；特别详细地研究了流域信息树的构建流程、影响流域信息树构建的因素等内容。

(4) 对流域信息树在地貌学中的应用进行了研究，分别利用流域信息树对黄土高原地区流域结构自相似、流域形状与尺度变化间的关系和黄土地貌类型区划分等方面进行了应用研究。

(5) 在对目前DEM地形简化方法分析总结的基础上，提出了基于流域信息树理论的W8D地形简化算法，并对阈值的确定和评价方法等问题进行了讨论；同时以国家1：50000 DEM作为地形简化目标尺度，重点探讨了W8D算法阈值的确定与评价，最后结合常用的其他地形综合算法对W8D法地形简化效果进行了纵向对比和综合评价。

(6) 在流域信息树概念模型的基础上，以山脊线等级划分为例，提出了一种地形特征线等级划分的方法。树形结构模型是由不同尺度的流域构建而成的“树”形层次组合，能够体现出流域的尺度特征；“树”结点中可以无缝地融合各种所需指标参数，对山脊线的特征信息进行综合考虑分析。不同等级的山脊线具有与沟谷线相似的分支结构，通过基于“树”型结构的多属性指标分析方法可以较好地实现山脊线等级的划分，从而比较全面地考虑流域的层次特征与山脊线的特征信息，具有一定的合理性。

本书的创新之处主要有以下几点：

(1) 首次明确提出了流域信息树理论的概念模型、指标体系和分析框架。流域信息树的层次组织方式，它的“树”形结构和信息结点的组织方式实现了流域及其流域内部指标参数属性的有机非线性组合，它们所呈现的形态、数量及过程变化特征能够较深刻地揭示流域地貌的外在表现与发育规律，是高度抽象的描述方式，有助于实现对流域地貌系统整体的描述和从宏观到微观的多尺度过渡，是流域地貌学研究理论与分析方法的创新探索。

(2) 在分析方法上，以流域信息树为研究切入点，引入树形结构形状参数、信息结点序列分析、流域自相似分析等数据模型数据处理和分析方法，获取黄土高原地区流域地貌的形态结构特征指标，深化了对流域信息树的理解和认识，同时也为流域信息树的信息特征的量化和分析奠定了基础。

(3) 在理论应用上，以流域信息树理论为基础，提出了利用流域信息树进行流域结构、流域形状和地貌类型分区等方面的应用，并进行了相应的实例验证研究；引入了树形结构DEM地形综合方法，提出了基于流域信息树理论的W8D法进行DEM地形简化的详细方案，并以国家1：50000 DEM作为地形简化目标尺度进行了验证，重点探讨了W8D算法阈值的确定与评价，并结合其他常用地形综合算法对W8D法地形简化效果进行了纵向对比和综合评价；同时，流域信息树首次被用于地形特征线等级划分的研究，利用基于树形结构的多属性指标分析方法对山脊线进行等级划分，能够比较全面地考虑流域的层次特征与山脊线的特征信息，为流域信息树的实际应用和分析指明了方向。

8.2　问题与展望

(1) 流域信息树对流域地貌系统层次嵌套特征的描述具有其独到的优点，但对特殊地貌形态的表达却显得无能为力，如流域信息树还不能体现黄土高原中常见的滑坡、崩塌、黄土柱等特殊地貌。在以后的研究中需要进一步深度挖掘流域信息树中隐含的微观或特殊地貌形态信息，以实现流域信息树对黄土高原地区地貌形态更全面的认识和研究。

(2) 基于DEM的流域信息树的提取和构建，将会受到来自高程数据采样精度、地形描述精度以及DEM分辨率等多重因素的影响；传统的基于汇流累积量的水网分析方法也存在诸多缺陷。如何有效消除这些不确定因素的影响，实现对流域信息树中信息结点流域的有效提取，还需要继续深入探讨。

(3) 研究还存在很多不足之处。在流域嵌套分形自相似研究方面，由于分形是一门以非规则几何形态为研究对象的几何学，所以无法解释产生现象的原因，特别是相互之间的关系；在序列化研究方面，仅使用了流域的圆度和紧度等形状指标，对流域的其他关键特征指标如沟壑密度、深切度、高程面积积分等尚未进行分析研究，相关内容还有必要进一步深入。同时，本节仅提出了较为基本的流域信息树按面积权重序列化分析方法，其他树形结构分析方法还有待进一步研究和分析；在地貌分区研究方面，仅使用了9个形态结构指标进行地貌分区研究，形态结构指标敏感性和筛取问题还有待深入。

(4) 在流域信息树地形简化研究方面，W8D法的计算效率还有待提高；同时，W8D法剖面线方向数增加和地形关键部分保真间相互关系的问题，以及该方法在其他地区进行地形简化效果和实用性，还需要作进一步的验证和分析。

(5) 本书仅选用信息结点的几个最为基础的参数因子展开流域信息树的研究，这是远远不够的；在接下来的工作中，需要在多因子条件下，系统分析流域信息树的物理意义和地貌学含义，从而进一步完善流域信息树的理论基础，形成多因子多角度的分析方法体系。本书的研究区域为黄土高原，但是理论上流域信息树不仅可以应用于黄土地貌区，亦可用于其他地貌发育的研究中。如何利用流域信息树实现对其他流域地貌系统科学内涵、特征与规律、主要类型的合理解读和阐述，需要进一步的研究与分析。

参考文献

[1] Abe N, Hiroshi M. Predicting protein secondary structure using stochastic tree grammars[J]. Machine Learning, 1997, 29(2-3): 275-301.

[2] Addink E A, de Jong S M, Pebesma E J. The importance of scale in object-based mapping of vegetation parameters with hyperspectral imagery[J]. Photogrammetric Engineering & Remote Sensing, 2007, 73(8): 905-912.

[3] Agústsson H, Olafsson H. Forecasting wind gusts in complex terrain[J]. Meteorology and Atmospheric Physics, 2009, 103(1-4): 173-185.

[4] Asai T, Arimura H, Uno T, et al. Discovering Frequent Substructures in Large Unordered Trees[C]. Berlin: Springer, 2003: 47-61.

[5] Asai T, Kenji A, Kawasoe S, et al. Efficient substructure discovery from large semi-structured data[J]. IEICE Transactions on Information and Systems, 2004, 87(12): 2754-2763.

[6] Blaschke T, Hay G J, Kelly M, et al. Geographic object-based image analysis—towards a new paradigm[J]. ISPRS Journal of Photogrammetry and Remote Sensing, 2014, 87: 180-191.

[7] Brabyn L. GIS Analysis of Macro Landform[C], 1998.

[8] Brown D G, Bara T J. Recognition and reduction of systematic error in elevation and derivative surfaces from 7 1/2 minute DEMs[J]. Photogrammetric Engineering and Remote Sensing, 1994, 60(2): 189-194.

[9] Buneman P, Davidson S, Fernandez M, et al. Adding Structure to Unstructured Data[C]. Berlin: Springer, 1997: 336-350.

[10] Burlando M, Carassale L, Georgieva E, et al. A simple and efficient procedure for the numerical simulation of wind fields in complex terrain[J]. Boundary-Layer Meteorology, 2007, 125(3): 417-439.

[11] Byun Y G, Han Y K, Chae T B. A multispectral image segmentation ap-

proach for object-based image classification of high resolution satellite imagery[J]. KSCE Journal of Civil Engineering, 2013, 17(2): 486-497.

[12] Calle J, Castaño L, Castro E. Statistical user model supported by R-tree structure[J]. Applied Intelligence, 2013, 39(3): 545-563.

[13] Chang C H, Lee K T. Analysis of geomorphologic and hydrological characteristics in watershed saturated areas using topographic - index threshold and geomorphology-based runoff model[J]. Hydrological Processes, 2008, 22(6): 802-812.

[14] Chang K. Introduction to Geographic Information Systems[M]. New York: McGraw-Hill, 2010.

[15] Chen K, Liu L. HE-tree: A framework for detecting changes in clustering structure for categorical data streams[J]. The VLDB Journal, 2009, 18(6): 1241-1260.

[16] Chen Z, Guevara J A. Systematic Selection of Very Important Points (VIP) from Digital Terrain Model for Constructing Triangular Irregular Networks[C]. Baltimore, 1987.

[17] Chubey M S, Franklin S E, Wulder M A. Object-based analysis of Ikonos-2 imagery for extraction of forest inventory parameters[J]. Photogrammetric Engineering & Remote Sensing, 2006, 72(4): 383-394.

[18] Cignoni P, Puppo E, Scopigno R. Representation and visualization of terrain surfaces at variable resolution[J]. The Visual Computer, 1997, 13(5): 199-217.

[19] Conchedda G, Durieux L, Mayaux P. An object-based method for mapping and change analysis in mangrove ecosystems[J]. ISPRS Journal of Photogrammetry and Remote Sensing, 2008, 63(5): 578-589.

[20] Cronin T. Classifying hills and valleys in digitized terrain[J]. Photogrammetric Engineering and Remote Sensing, 2000, 66(9): 1129-1137.

[21] D'Ambrosio J L, Williams L R, Witter J D, et al. Effects of geomorphology, habitat, and spatial location on fish assemblages in a watershed in Ohio, USA[J]. Environmental Monitoring and Assessment, 2009, 148(1-4): 325-341.

[22] Davis W M. The geographical cycle[J]. The Geographical Journal, 1899, 14(5): 481-504.

[23] Di Rienzo A, Wilson A C. Branching pattern in the evolutionary tree for human mitochondrial DNA[J]. Proceedings of the National Academy of Sciences, 1991, 88(5): 1597-1601.

[24] Di Sabatino S, Solazzo E, Paradisi P, et al. A simple model for spatially-averaged wind profiles within and above an urban canopy[J]. Boundary-Layer Meteorology, 2008, 127(1): 131-151.

[25] Dikau R, Brabb E E, Mark R M. Landform Classification of New Mexico by Computer[M]. US Department of the Interior, US Geological Survey, 1991.

[26] Dobbie G, Xiaoying W, Ling T W, et al. ORA-SS: An Object-Relationship-Attribute Model for Semi-Stractured Data[R]. School of Computing, Natioal University of Singapore, 2000.

[27] Dragut L, Blaschke T. Automated classification of landform elements using object-based image analysis[J]. Geomorphology, 2006, 81(3-4): 330-344.

[28] Durieux L, Lagabrielle E, Nelson A. A method for monitoring building construction in urban sprawl areas using object-based analysis of Spot 5 images and existing GIS data[J]. ISPRS Journal of Photogrammetry and Remote Sensing, 2008, 63(4): 399-408.

[29] Endreny T A, Wood E F. Maximizing spatial congruence of observed and DEM-delineated overland flow networks[J]. International Journal of Geographical Information Science, 2003, 17(7): 699-713.

[30] Engelhardt B M, Weisberg P J, Chambers J C. Influences of watershed geomorphology on extent and composition of riparian vegetation[J]. Journal of Vegetation Science, 2012, 23(1): 127-139.

[31] Eve R A. "Adolescent culture," convenient myth or reality? A comparison of students and their teachers[J]. Sociology of Education, 1975, 48(2): 152-167.

[32] Felsenstein J. Evolutionary trees from DNA sequences: A maximum likelihood approach[J]. Journal of Molecular Evolution, 1981, 17(6): 368-376.

[33] Ferris S D, Wilson A C, Brown W M. Evolutionary tree for apes and humans based on cleavage maps of mitochondrial DNA[J]. Proceedings of the National Academy of Sciences of the United States of America, 1981, 78(4): 2432.

[34] Florinsky I V. Accuracy of local topographic variables derived from digital

elevation model[J]. Int. J. GIS, 1998, 12(1): 47-61.

[35] Franco A, Lumini A, Maio D. MKL-tree: An index structure for high-dimensional vector spaces[J]. Multimedia Systems, 2007, 12(6): 533-550.

[36] Freeman T G. Calculating catchment area with divergent flow based on a regular grid[J]. Computers & Geosciences, 1991, 17(3): 413-422.

[37] Gamanya R, De Maeyer P, De Dapper M. Object-oriented change detection for the city of Harare, Zimbabwe[J]. Expert Systems with Applications, 2009, 36(1): 571-588.

[38] Garbrecht J, Martz L W. The assignment of drainage direction over flat surfaces in raster digital elevation models[J]. Journal of Hydrology, 1997, 193(1-4): 204-213.

[39] Geritz S A, Mesze G, Metz J. Evolutionarily singular strategies and the adaptive growth and branching of the evolutionary tree[J]. Evolutionary Ecology, 1998, 12(1): 35-57.

[40] Goncalves J, Fernandes J C. Assessment of SRTM-3 DEM in Portugal with Topographic Map Data[C], 2005.

[41] Gross M H, Gatti R, Staadt O. Fast Multiresolution Surface Meshing[C]. IEEE Computer Society, 1995.

[42] Hall B G. Comparison of the accuracies of several phylogenetic methods using protein and DNA sequences[J]. Molecular Biology and Evolution, 2005, 22(3): 792-802.

[43] Hammond E H. Analysis of properties in landform geography: An application to broad-scale landform mapping[J]. Annals of the Association of American Geographers, 1964, 54(1): 11-19.

[44] Hoppe H. View-dependent refinement of progressive meshes[J]. SIGGPAPH, 1997, (8): 189-198.

[45] Horton R E. Erosional development of streams and their drainage basins; hydrophysical approach to quantitative morphology[J]. Geological Society of America Bulletin, 1945, 56(3): 275-370.

[46] Horton R E. Drainage-basin characteristics[J]. Transactions, American Geophysical Union, 1932, 13(1): 350-361.

[47] Horton R E. Erosional development of streams and their drainage basins: Hydrophysical approach to quantitative morphology[J]. Geological Society

of American Bulletin, 1945, 56(3): 275-370.

[48] Huang Y F, Chen X, Huang G H, et al. GIS-Based Distributed Model for Simulating Runoff and Sediment Load in the Malian River Basin[M]. Springer, 2003: 127-134.

[49] JRLA. A review of the origin and characteristics of recent alluvial sediments[J]. Sedimentology, 1965, 5(2): 89-191.

[50] Kale V S. Fluvial geomorphology of Indian rivers: An overview[J]. Progress in Physical Geography, 2002, 26(3): 400-433.

[51] King L C. On the ages of African land-surfaces[J]. Quarterly Journal of the Geological Society, 1948, 104(14): 439-459.

[52] Kishino H, Hasegawa M. Evaluation of the maximum likelihood estimate of the evolutionary tree topologies from DNA sequence data, and the branching order in hominoidea[J]. Journal of Molecular Evolution, 1989, 29(2): 170-179.

[53] Klein R, Huttner T. Simple Camera-Dependent Approximation of Terrain Surfaces for Fast Visualization and Animation[C]. Citeseer, 1996.

[54] Kumar A, Maeda S, Kawachi T. Optimization Model for Allocation of Pollutant Loads from Non-point Sources in Watershed Using GIS[C]. 2002.

[55] Lathrop R G, Montesano P, Haag S. A multi-scale segmentation approach to mapping seagrass habitats using airborne digital camera imagery[J]. Photogrammetric Engineering & Remote Sensing, 2006, 72(6): 665-675.

[55] Lee Y, Chung C. The DR-tree: A main Memory data structure for complex multi-dimensional objects[J]. GeoInformatica, 2001, 5(2): 181-207.

[57] Lewin J, Higgs G, Hey R D, et al. Fluvial Geomorphology of Wales.Springer, 1997: 115-171.

[58] Li Z L, Huang P Z. Quantitative measures for spatial information of maps[J]. Int J Geographical Information Sciences, 2002, 16(7): 699-709.

[59] Li Z. Variation of the accuracy of digital terrain models with sampling interval[J]. The Photogrammetric Record, 1992, 14(79): 113-128.

[60] Lindsay J B. Sensitivity of channel mapping techniques to uncertainty in digital elevation data[J]. International Journal of Geographical Information Science, 2006, 20(6): 669-692.

[61] Lindstrom P, Koller D, Ribarsky W, et al. Real-time, continuous level of

detail rendering of height fields[C]. ACM, 1996.

[62] Liu M, Ling T W. A data model for semistructured data with partial and inconsistent information[C]. Berlin: Springer, 2000: 317-331.

[63] Lu H, Liu X, Bian L. Terrain complexity: definition, index, and DEM resolution[C]. International Society for Optics and Photonics, 2007.

[64] Lü H, Zhu Y, Skaggs T H, et al. Comparison of measured and simulated water storage in dryland terraces of the Loess Plateau, China[J]. Agricultural Water Management, 2009, 96(2): 299-306.

[65] Luebke D, Erikson C. View-dependent simplification of arbitrary polygonal environments[C]. ACM Press/Addison-Wesley Publishing Co., 1997.

[66] Majid Y, Eftekhar M, Hassan A. Tree-Based Method for Classifying Websites Using Extended Hidden Markov Models. Advances in Knowledge Discovery and Data Mining[M], 2009: 780-787.

[67] Maurer H A, Ottmann T. Tree-structures for set manipulation problems. Mathematical Foundations of Computer Science[M]. 1977: 108-121.

[68] Maxwell, Susan K. Generating land cover boundaries from remotely sensed data using object-based image analysis: Overview and epidemiological application[J]. Spatial and Spatio-Temporal Epidemiology, 2010, 1(4): 231-237.

[69] Miller V C. A quantitative geomorphic study of drainage basin characteristics in the Clinch mountain area, Virginia and Tennessee[M]. Washington D.C.: DTIC Document, 1953.

[70] Moore I D. Hydrologic modeling and GIS. In: Goodchild M F, Steyaert L T, Parks B O, et al. (eds.)GIS and Environmental Modeling: Progress and Research Issues[M]. Hoboken: John Wiley & Sons, 1996.

[71] Moore I D, Grayson R B, Ladson A R. Digital terrain modelling: A review of hydrological geomorphological and biological application[J]. Hydrological Processes, 1991, 5(1): 3-30.

[72] Morisawa M. Quantitative geomorphology of some watersheds in the appalachian plateau[J]. Geological Society of America Bulletin, 1962, 73(9): 1025-1046.

[73] Mossos N, Mejia-Carmona, Fernando D, et al. FS-Tree: Sequential Association Rules and First Applications to Protein Secondary Structure

Analysis[M]. Springer, 2014: 189-198.

[74] Nascimento R, Queiroz F, Rocha A, et al. Computer-assisted coloring and illuminating based on a region-tree structure[J]. SpringerPlus, 2012, 1(1): 1-14.

[75] Niemeyer I, Marpu P R, Nussbaum S. Change detection using object features. Object-Based Image Analysis[M]. Springer, 2008: 185-201.

[76] Nylander J A. Bayesian phylogenetics and the evolution of gall wasps[M]. Acta Universitatis Upsaliensis, 2004.

[77] O'Callaghan J F, Mark D M. The extraction of drainage networks from digital elevation data[J]. Computer Vision, Graphics, And Image Processing, 1984, 28(3): 323-344.

[78] Pantaleoni E. Combining a road pollution dispersion model with GIS to determine carbon monoxide concentration in Tennessee[J]. Environmental Monitoring and Assessment, 2013, 185(3): 2705-2722.

[79] Patel K P. Watershed modeling using HEC-RAS, HEC-HMS, and GIS models—A case study of the Wreck Pond Brook Watershed in Monmouth County, New Jersey[M]. New Jersey-New Brunswick: Rutgers the State University, 2009.

[80] Peitgen H, Jürgens H, Saupe D. Chaos and fractals: new frontiers of science[M]. Berlin: Springer, 2004.

[81] Penck A. Morphologie der Erdoberfläche[M]. J. Engelhorn, 1894.

[82] Penck W, Penck A. Die morphologische Analyse: ein Kapitel der physikalischen Geologie[M]. Engelhorn, 1924.

[83] Peucker T K, Douglas D H. Detection of surface-specific points by local parallel processing of discrete terrain elevation data[J]. Computer Graphics and Image Processing, 1975, 4(4): 375-387.

[84] Radoux J, Defourny P. Quality assessment of segmentation results devoted to object-based classification. Object-Based Image Analysis[M]. Springer, 2008: 257-271.

[85] Ren J, Pan W, Zheng Y, et al. Array based HV/VH tree: An effective data structure for layout representation[J]. Journal of Zhejiang University SCIENCE C, 2012, 13(3): 232-237.

[86] Ren Z, Hideo T. Sequential retrieval of B-trees and a file structure with a

dense B-tree index[J]. Journal of Central South University, 1999, 6(1): 67-72.

[87] Robinson D A, Binley A, Crook N, et al. A Vision for Geophysics Instrumentation in Watershed Hydrological Research[R]. USA: Stanford University, Lancaster University, USGS, University of Arizona, Boise State University, University of South Carolina, Kansas, Geological Survey, Temple University, Green, Engineering, Penn State University, Rutgers University, 2006.

[88] Roelfsema C M, Lyons M, Kovacs E M, et al. Multi-temporal mapping of seagrass cover, species and biomass: A semi-automated object based image analysis approach[J]. Remote Sensing of Environment, 2014(150): 172-187.

[89] Rogers M J, Simmons J, Walker R T, et al. Construction of the mycoplasmaevolutionary tree from 5S rRNA sequence data[J]. Proceedings of the National Academy of Sciences, 1985, 82(4): 1160.

[90] Ruiz L A, Recio J A, Fernández-Sarría A, et al. A feature extraction software tool for agricultural object-based image analysis[J]. Computers and Electronics in Agriculture, 2011, 76(2): 284-296.

[91] Sargaonkar A P, Rathi B, Baile A. Identifying potential sites for artificial groundwater recharge in sub-watershed of River Kanhan, India[J]. Environmental Earth Sciences, 2011, 62(5): 1099-1108.

[92] Scarlatos L L. A refined triangulation hierarchy for multiple levels of terrain detail[C], 1990.

[93] Schumm S A. Evolution of drainage systems and slopes in badlands at Perth Amboy, New Jersey[J]. Geological Society of America Bulletin, 1956, 67(5): 597-646.

[94] Schwiesow R L, Lawrence R S. Effects of a change of terrain height and roughness on a wind profile[J]. Boundary-Layer Meteorology, 1982, 22(1): 109-122.

[95] Shimano Y. Characteristics of the stream network composition of drainage basins in the Japanese Islands[J]. Environmental Geology and Water Sciences, 1992, 20(1): 5-14.

[96] Soman K P, Diwakar S, Ajay V. Insight into Data Mining: Theory and Practice[M]. Prentice-Hall of India Pvt. Ltd, 2006.

[97] Strahler A N. Dynamic basis of geomorphology[J]. Geological Society of America Bulletin, 1952, 63(1): 923-938.

[98] Tang GA, Liu AL, Zhou JY. DEM-based research on the landform features of China[J]. Geoinformatics Geospatial Information Science, 2006.

[99] Tarboton D G. A new method for the determination of flow directions and upslope areas in grid digital elevation models[J]. Water Resources Research, 1997, 33(2): 309-319.

[100] Tripathi M P, Panda R K, Pradhan S, et al. Runoff modelling of a small watershed using satellite data and GIS[J]. Journal of the Indian Society of Remote Sensing, 2002, 30(1-2): 39-52.

[101] Tucker G E, Bras R L. Hillslope processes, drainage density, and landscape morphology[J]. Water Resources Research, 1998, 34(10): 2751-2764.

[102] Wang J, Liu X, Peng L, et al. Cities evolution tree and applications to predicting urban growth[J]. Population and Environment, 2012, 33(2-3): 186-201.

[103] Wang Y, Zhu Y, Sun H. Study of Spatial Data Index Structure Based on Hybrid Tree[M]. Springer, 2011: 559-565.

[104] Wilson J P, Gallant J C. Terrain analysis: principles and applications[M]. Hoboken: John Wiley & Sons, 2000.

[105] Wood J D. The geomorphological characteristics of Digital Elevation Models[D]. London: University of Leicester, 1996.

[106] Wu H, Cheng Z, Shi W, et al. An object-based image analysis for building seismic vulnerability assessment using high-resolution remote sensing imagery[J]. Natural Hazards, 2014, 71(1): 151-174.

[107] Wu JG. Hierarchy and scaling: extrapolating information along a scaling ladder[J]. Canadian Journal of Remote Sensing, 1999, 25(4): 367-380.

[108] Wu X, Ling T W, Yeung L S, et al. NF-SS: A Normal Form for Semistructured Schema[C]. Berlin: Springer, 2002: 292-305.

[109] Xiong S, Wang W. Point-tree structure genetic programming method for discontinuous function's regression[J]. Wuhan University Journal of Natural Sciences, 2003, 8(1): 323-326.

[110] Yu Q, Gong P, Clinton N, et al. Object-based detailed vegetation classification with airborne high spatial resolution remote sensing imagery[J].

Photogrammetric Engineering & Remote Sensing, 2006, 72(7): 799-811.

[111] Zhang B, Song M, Zhou W. Exploration on method of auto-classification for main ground objects of Three Gorges Reservoir area[J]. Chinese Geographical Science, 2005, 15(2): 157-161.

[112] Zhang ZD, Wieland E, Reiche M, et al. A computational fluid dynamics model for wind simulation: model implementation and experimental validation[J]. Chinese Geographical Science[J]. Journal of Zhejiang University Science A, 2012, 13(4): 274-283.

[113] 艾廷华,祝国瑞,张根寿. 基于Delaunay三角网模型的等高线地形特征提取及谷地树结构化组织[J]. 遥感学报, 2003, 7(4): 292.

[114] 鲍伟佳,程先富,陈旭东. DEM水平分辨率对流域特征提取的影响分析[J]. 水土保持研究, 2011, 18(2): 129-132.

[115] 曹晓磊. 基于树结构的地形简化和漫游[D]. 大连: 大连理工大学, 2006.

[116] 曹颖. 基于DEM的地貌分形特征研究——以陕北黄土高原部分样区为例[D]. 西安: 西北大学, 2007.

[117] 曹志冬. DEM地形简化技术研究[D]. 长沙: 长沙理工大学, 2005.

[118] 柴慧霞,程维明,乔玉良. 中国"数字黄土地貌"分类体系探讨[J]. 地球信息科学, 2006, 8(2): 6-13.

[119] 陈传法,杜正平,岳天祥. 基于高精度曲面建模方法的SRTM空缺插值填补研究[J]. 大地测量与地球动力学, 2010, 30(1): 126-129.

[120] 陈国平,赵俊三,魏保峰. DEM技术在景观工程道路选线中的应用[J]. 测绘工程, 2007, 16(3): 59-62.

[121] 陈浩. 陕北黄土高原沟道小流域形态特征分析[J]. 地理研究, 1986, 5(1): 82-92.

[122] 陈楠,林宗坚,李成名,等. 1∶10000及1∶50000比例尺DEM信息容量的比较——以陕北韭园沟流域为例[J]. 测绘科学, 2004, 29(3): 39-41.

[123] 陈维崧. 基于地貌综合方法的数字晕渲图优化技术研究[D]. 郑州: 解放军信息工程大学, 2012.

[124] 成秋明. 多维分形理论和地球化学元素分布规律[J]. 地球科学: 中国地质大学学报, 2000, 25(3): 311-318.

[125] 承继成,江美球. 流域地貌数学模型[M]. 北京: 科学出版社, 1986.

[126] 承继承,林珲,周成虎. 数字地球导论[Z]. 北京: 科学出版社, 2000.

[127] 程纪香. "树状结构"教学法在高校女生排球选项课隐性知识中的应用

探析[D]. 苏州：苏州大学，2011.
[128] 崔灵周. 流域降雨侵蚀产沙与地貌形态特征耦合关系研究[D]. 杨凌：中国科学院水利部水土保持研究所，2002.
[129] 崔灵周，朱永清，李占斌. 基于分形理论和GIS的黄土高原流域地貌形态量化及应用研究[M]. 郑州：黄河水利出版社，2006.
[130] 邓家铨，朱赛霞，郑敏. 不同地形边界层风场特性及山谷风污染气象个例分析[J]. 热带地理，1989，9(4)：346-353.
[131] 董有福. 数字高程模型地形信息量研究[D]. 南京：南京师范大学，2010.
[132] 董有福，汤国安. DEM点位地形信息量化模型研究[J]. 地理研究，2012，31(10)：1825-1836.
[133] 董有福，汤国安. 利用地形信息强度进行DEM地形简化研究[J]. 武汉大学学报：信息科学版，2013，38(3)：353-357.
[134] 杜金莲，杜薇，迟忠先. 基于视觉原理的多分辨率地形生成准则[J]. 中国图象图形学报，2003，8(11)：1295-1298.
[135] 费立凡. 地形图等高线成组综合的试验[J]. 武汉大学学报(信息科学版)，1993，1(18)：6-22.
[136] 费立凡，何津，马晨燕，等. 3维Douglas-Peucker算法及其在DEM自动综合中的应用研究[J]. 测绘学报，2006，35(3)：278-284.
[137] 甘枝茂. 从黄土地貌的发育中认识黄土高原的土壤侵蚀及其防治[J]. 水土保持通报，1982(1)：6-10.
[138] 甘枝茂. 黄土高原地貌与土壤侵蚀研究[M]. 西安：陕西人民出版社，1989(1)：6-10.
[139] 甘枝茂. 黄土高原地貌与土壤侵蚀研究[M]. 西安：陕西人民出版社，1996.
[140] 高玄彧. 地貌形态分类的数量化研究[J]. 地理科学，2007，27(1)：109-114.
[141] 郭海荣，焦文海，杨元喜. 1985国家高程基准与全球似大地水准面之间的系统差及其分布规律[J]. 测绘学报，2004，33(2)：100-104.
[142] 郭明武，吴凡. 对一种基于规则格网DEM自动提取地性线算法的改进[J]. 测绘通报，2006(7)：49-51.
[143] 郭庆胜，毋河海. 高等线的空间关系规则和渐进式图形简化方法[J]. 武汉测绘科技大学学报，2000，25(1)：31-34.
[144] 郝向阳. 基于拓扑关系的等高线高程自动赋值方法[J]. 测绘学报，1997，

26(3): 247-253.
[145] 何津,费立凡. 再论三维Douglas-Peucker算法及其在DEM综合中的应用[J]. 武汉大学学报(信息科学版),2008,33(2): 160-163.
[146] 何晓群. 多元统计分析[M]. 北京:中国人民大学出版社,2008.
[147] 贺文慧,汤国安,杨昕,等. 面向DEM地貌综合的山脊线等级划分研究——以黄土丘陵沟壑区为例[J]. 地理与地理信息科学,2011,27(2): 30-33.
[148] 胡鹏,游涟,杨传勇,等. 地图代数[M]. 武汉:武汉大学出版社,2002.
[149] 胡鹏,杨传勇,吴艳兰. 新数字高程模型理论方法标准和应用[M]. 北京:科学出版社,2007.
[150] 黄培之. 提取山脊线和山谷线的一种新方法[J]. 武汉大学学报(信息科学版),2001,26(3): 247-252.
[151] 黄培之,陈凯辉,刘泽慧. 基于共轭地表曲面的山脊线和山谷线提取方法的研究[J]. 测绘科学,2004,29(5): 25-27.
[152] 黄杏元,马劲松,汤勤编. 地理信息系统概论[Z]. 北京:高等教育出版社,2000.
[153] 贾兴利,许金良,杨宏志,等. 基于GIS的地表破碎指数计算[J]. 重庆大学学报,2012,35(11): 126-130.
[154] 贾旖旎. 基于DEM的黄土高原流域边界剖面谱研究[D]. 南京:南京师范大学,2010.
[155] 蒋东翔,黄文虎,徐世昌. 分形几何及其在旋转机械故障诊断中的应用[J]. 哈尔滨工业大学学报,1996,28(2): 27-31.
[156] 蒋忠信. 流域沟壑密度理论极值数学模式商讨[J]. 地理研究,1999,18(2): 220-223.
[157] 金宝轩,边馥苓. 大规模地形漫游中的实时LOD算法研究[J]. 地理与地理信息科学,2004,20(1): 51-53.
[158] 金德生,陈浩,郭庆伍. 流域物质与水系及产沙间非线性关系实验研究[J]. 地理学报,2000,55(4): 339-448.
[159] 康晓伟,冯钟葵. ASTER GDEM数据介绍与程序读取[J]. 遥感信息,2011(6): 69-72.
[160] 孔月萍,方莉,江永林,等. 提取地形特征线的形态学新方法[J]. 武汉大学学报(信息科学版),2012,37(8): 996-999.
[161] 李斌,何红波,李义兵. 基于DNA序列LZ复杂性距离的系统进化树重构[J]. 高技术通讯,2006,16(5): 506-510.

[162] 李发源. 黄土高原地面坡谱及空间分异研究[D]. 成都：中国科学院，2007.
[163] 李后强，艾南山. 分形地貌学及地貌发育的分形模型[J]. 自然杂志，1992，15(7)：516-519.
[164] 李会勇. 基于树结构的组合机构建模与动力学分析[D]. 景德镇：景德镇陶瓷学院，2010.
[165] 李建柱. 滦河流域分布式降雨径流模拟研究[D]. 天津：天津大学，2005.
[166] 李精忠，艾廷华，王洪. 一种基于谷地填充的 DEM 综合方法[J]. 测绘学报，2009，38(3)：272-275.
[167] 李婧，张超，朱德海，等. 基于空间技术北京市地貌类型区划研究[J]. 中国农业科技导报，2007，9(2)：126-129.
[168] 李军锋. 基于GIS的陕北黄土高原地貌分形特征研究[D]. 西安：西北大学，2006.
[169] 李兰娟，卢亦愚，翁景清，等. 浙江省 SARS 冠状病毒分离与系统进化树分析[J]. 中国病毒学，2004，19(1)：14-17.
[170] 李兰娟，卢亦愚，翁景清. 浙江省SARS冠状病毒分离与系统进化树分析[J]. 中国病毒学，2004，19(1)：170-179.
[171] 李梅香，许捍卫. 基于SRTM DEM 的ASTER GDEM异常区域插补方法研究[C]，2010.
[172] 李志林，朱庆. 数字高程模型[M]. 武汉：武汉大学出版社，2003.
[173] 励强，陆中臣，袁宝印. 地貌发育阶段的定量研究[J]. 地理学报，1990，45(1)：110-120.
[174] 梁思超，张晓东，康顺. 复杂地形风场绕流数值模拟方法[J]. 工程热物理学报，2011，32(6)：945-948.
[175] 廖克. 中华人民共和国国家自然地图集[Z]. 1999.
[176] 刘爱利. 基于1∶100万DEM的我国地形地貌特征研究[D]. 西安：西北大学，2004.
[177] 刘爱利，汤国安. 中国地貌基本形态DEM的自动划分研究[J]. 地球信息科学，2006，8(4)：8-14.
[178] 刘东生. 黄土与环境[M]. 北京：科学出版社，1985.
[179] 刘怀湘，王兆印. 典型河网形态特征与分布[J]. 水利学报，2007，38(11)：1354-1357.
[180] 刘佳. 基于树形计算结构的电力系统潮流并行算法研究[D]. 天津：天津

大学, 2010.
[181] 刘建军, 陈军, 王东华, 等. 等高线邻接关系的表达及应用研究[J]. 测绘学报, 2004, 33(2): 174-178.
[182] 刘玲. 基于偏转角的树结构数据融合路由算法[D]. 济南: 山东大学, 2008.
[183] 刘南威. 自然地理学[M]. 北京: 科学出版社, 2000.
[184] 刘少华, 程朋根. Delaunay三角网内插特征点算法研究[J]. 华东地质学院学报, 2002, 25(3): 254-257.
[185] 刘新华, 汤国安. 中国地形起伏度的提取及在水土流失定量评价中的应用[J]. 水土保持通报, 2001, 21(1): 57-59.
[186] 刘学军, 卞璐, 卢华兴, 等. 顾及DEM误差自相关的坡度计算模型精度分析[J]. 测绘学报, 2008, 37(2): 249.
[187] 刘学军, 王彦芳, 晋蓓. 利用点扩散函数进行DEM尺度转换[J]. 武汉大学学报·信息科学版, 2009, 34(12): 1458-1462.
[188] 刘艳艳. 基于GIS技术的流域降雨径流模拟研究[D]. 重庆: 重庆交通大学, 2011.
[189] 刘勇, 王义祥. 夷平面的三维显示与定量分析方法初探[J]. 地理研究, 1999, 18(4): 391-399.
[190] 龙毅, 周侗, 汤国安, 等. 典型黄土高原地貌类型区的地形复杂度分形研究[J]. 山地学报, 2007, 25(4): 385-392.
[191] 卢金发. 黄河中游流域地貌形态对流域产沙量的影响[J]. 地理研究, 2002, 21(2): 171-178.
[192] 陆中臣, 贾绍风, 黄克新, 等. 流域地貌系统[M]. 大连: 大连出版社, 1991.
[193] 闾国年, 钱亚东, 陈钟明. 流域地形自动分割研究[J]. 遥感学报, 1998a, 2(4): 298-304.
[194] 闾国年, 钱亚东, 陈钟明. 基于栅格数字高程模型提取特征地貌技术研究[J]. 地理学报, 1998b, 53(6): 52-61.
[195] 闾国年, 钱亚东, 陈钟明. 基于栅格数字高程模型自动提取黄土地貌沟沿线技术研究[J]. 地理科学, 1998c, 18(6): 567-573.
[196] 罗来兴. 划分晋西、陕北、陇东黄土区域沟间地与沟谷的地貌类型[J]. 地理学报, 1956, 22(3): 201-222.
[197] 罗明良. 基于DEM 的地形特征点簇研究[D]. 成都: 中国科学院山地所, 2008.

[198] 罗枢运,孙逊,陈永宗. 黄土高原自然条件研究[M]. 西安: 陕西人民出版社, 1988.

[199] 马海建,郭礼珍,赵虎. 基于 DEM 生成小比例尺分省彩色晕渲图[J]. 测绘信息与工程, 2004, 29(4): 40-42.

[200] 马克明,祖元刚. 兴安落叶松分枝格局的分形特征[J]. 木本植物研究, 2000, 20(2): 235-241.

[201] 马新中,陆中臣,金德生. 流域地貌系统的侵蚀演化与耗散结构[J]. 地理学报, 1993, 4(4): 367-375.

[202] 马志杰,钟金城,陈智华等. 牛科动物HSL基因序列分析及其分子进化研究[J]. 遗传学报, 2007, 34(1): 26-34.

[203] 毛影. 树型结构的应用与平衡查找树的研究[D]. 南昌: 江西师范大学, 2010.

[204] 梅德克. 详细地貌制图手册[M]. 北京: 科学出版社, 1984.

[205] 木上淳. 分形分析[M]. 北京: 机械工业出版社, 2004.

[206] 齐矗华,甘枝茂. 黄土地貌的分类与制图[M]. 西安: 陕西师范大学地理系, 1983.

[207] 齐矗华,甘枝茂. 黄土高原侵蚀地貌与水土流失关系研究[M]. 西安: 陕西人民教育出版社, 1991.

[208] 乔朝飞,赵仁亮,陈军,等. 基于Voronoi内邻近的等高线树生成法[J]. 武汉大学学报(信息科学版), 2005, 30(9): 801-804.

[209] 沈玉昌. 中国地貌的类型与区划问题的商榷[J]. 中国第四纪研究, 1958, 1(1): 33-41.

[210] 沈玉昌,龚国元. 河流地貌学概论[M]. 北京: 科学出版社, 1986.

[211] 沈玉昌,苏时雨,尹泽生. 中国地貌分类,区划与制图研究工作的回顾与展望[J]. 地理科学, 1982, 2(2): 97-105.

[212] 盛四清,王峥. 基于树型结构的配电网故障处理新算法[J]. 电网技术, 2008, 32(08): 42-46.

[213] 斯皮里顿诺夫. 地貌制图学[M]. 北京: 地质出版社, 1956.

[214] 宋敦江,岳天祥,杜正平. 等高线树构建及高保真DEM构建[J]. 中国图象图形学报, 2011, 16(7): 1255-1261.

[215] 宋萍,洪伟,吴承祯,等. 天然黄山松种群格局的分形特征——计盒维数与信息维数[J]. 武汉植物学研究, 2004, 22(5): 400-405.

[216] 宋效东,汤国安,周毅,等. 基于并行GVF Snake 模型的黄土地貌沟沿线

提取[J]. 中国矿业大学学报，2013，42(1)：134-140.
[217] 苏时雨，李钜章. 地貌制图[M]. 北京：测绘出版社，1999.
[218] 孙嘉骏，黄天勇，科陈. 基于 DEM 地形要素提取方法的实验[J]. 地理空间信息，2014，12(2)：136-139.
[219] 孙涛. 面向半结构化数据的数据模型和数据挖掘方法研究[D]. 长春：吉林大学，2010.
[220] 孙艳玲. 三峡库区流域降雨径流数字模拟研究[D]. 重庆：西南农业大学，2004.
[221] 汤国安，杨勤科，张勇. 不同比例尺DEM提取地面坡度的精度研究[J]. 水土保持通报，2001，21(1)：53-56.
[222] 汤国安，赵牡丹，李天文，等. DEM提取黄土高原地面坡度的不确定性[J]. 地理学报，2003，58(6)：824-830.
[223] 汤国安，刘学军，闾国年，等. 数字高程模型及地学分析的原理与方法[M]. 北京：科学出版社，2005.
[224] 唐矗，洪冠新. 基于地形高程数据的复杂地形风场建模方法[J]. 北京航空航天大学学报，2014，40(3)：360-364.
[225] 王春，王靖，刘民士，等. DEM 地形表达的尺度效应及其主控因子研究[J]. 滁州学院学报，2013，15(2)：36-39.
[226] 王建，杜道生. 规则格网DEM化简的一种改进方法[J]. 测绘信息与工程，2007a，32(2)：34-36.
[227] 王建，杜道生. 规则格网DEM自动综合方法的评价[J]. 武汉大学学报(信息科学版)，2007b，32(12)：1111-1114.
[228] 王璐锦，唐泽圣. 基于分形维数的地表模型多分辨率动态绘制[J]. 软件学报，2000，11(9)：1181-1188.
[229] 王润青. 基于树形结构的产品特征提取算法[D]. 大连：大连理工大学，2013.
[230] 王珊珊，李文玲，彭桂福，等. 父婴传播的乙型肝炎病毒S基因进化树分析[J]. 中华医学杂志，2004，83(6)：451-454.
[231] 王涛，毋河海. SRTM高程数据中空缺单元的内插填补[J]. 测绘科学，2006，31(3)：76-77.
[232] 王卫星，李泳毅，陈良琴. 基于谷点边界扫描及区域合并的浮选气泡提取[J]. 中国矿大学报，2013，42(6)：1060-1065.
[233] 王昕. 泥石流沟危险度的模糊评判[J]. 重庆师范大学学报(自然科学版)，

2002，19(1)：22-25.
[234] 王星. 非参数统计[M]. 北京：中国人民大学出版社，2005.
[235] 王耀革，王玉海. 基于等高线数据的地性线追踪技术研究[J]. 测绘工程，2002，11(3)：42-44.
[236] 邬建国. 景观生态学——格局、过程、尺度与等级[M]. 北京：高等教育出版社，2004.
[237] 毋河海. 自动综合的结构化实现[J]. 武汉测绘科技大学学报，1996，21(3)：277-285.
[238] 毋河海. 地图信息自动综合基本问题研究[J]. 武汉测绘科技大学学报，2000，25(5)：377-386.
[239] 吴凡，粟卫民. 顾及地形特征的等高线拓扑空间关系表达[J]. 武汉大学学报(工学版)，2006，39(3)：140-144.
[240] 吴凡，祝国瑞. 基于小波分析的地貌多尺度表达与自动综合[J]. 武汉大学学报(信息科学版)，2001，26(2)：170-176.
[241] 吴喜之. 非参数统计[M]. 北京：中国统计出版社，2006.
[242] 吴亚东，刘玉树. 基于连续细节层次的地形动态生成技术[J]. 北京理工大学学报，2000，20(5)：602-606.
[243] 吴艳兰，胡鹏，刘永琼. 基于地图代数的数字地表流线模拟研究[J]. 水科学进展，2007，18(3)：356-361.
[244] 吴艳兰，胡鹏，王乐辉. 基于地图代数的山脊线和山谷线提取方法[J]. 测绘信息与工程，2006，31(2)：15-17.
[245] 肖晨超. 基于DEM的黄土地貌沟沿线特征研究[D]. 南京：南京师范大学，2007.
[246] 肖飞，张百平，凌峰，等. 基于DEM的地貌实体单元自动提取方法[J]. 地理研究，2008，27(2)：459-466.
[247] 谢轶群，朱红春，汤国安，等. 基于DEM的沟谷特征点提取与分析[J]. 地球信息科学学报，2013，15(1)：61-67.
[248] 徐建华. 计量地理学[M]. 北京：高等教育出版社，2006.
[249] 严皓亮. 移动互联网环境下树型大数据存储方法研究[D]. 杭州：浙江大学，2013.
[250] 阎锡海，罗茂春，李焰. 生物进化树中的模糊问题浅论[J]. 青海师范大学学报：自然科学版，2005(1)：81-84.
[251] 杨平，胡鹏，吴艳兰. 一种基于可变四叉树的大地形实时可视化算法[J].

测绘通报，2002(10)：58-61.
[252] 杨书申，邵龙义. MATLAB环境下图像分形维数的计算[J]. 中国矿业大学学报，2006，35(4)：478-482.
[253] 杨延生. 小流域开发的意义及几个技术问题的探讨[J]. 湖南农业科学，1997(2)：42-44.
[254] 杨族桥，郭庆胜. 基于提升方法的DEM多尺度表达研究[J]. 武汉大学学报(信息科学版)，2003，28(4)：496-498.
[255] 杨族桥，郭庆胜，牛冀平，等. DEM 多尺度表达与地形结构线提取研究[J]. 测绘学报，2005，34(2)：134-137.
[256] 于海，韩臻. 基于树型结构的多层网络攻击事件分类方法[J]. 网络安全技术与应用，2006，(6)：36-38.
[257] 于海霞，余梅生，吴晓娟，等. 基于树型结构的WSN密钥管理方案[J]. 计算机工程，2010，36(20)：134-136.
[258] 余蓬春，刘时银，杨萍，等. 基于可变窗分析的中国云贵高原地区SRTM DEM数据填补方法研究[J]. 云南大学学报：自然科学版，2010(3)：273-279.
[259] 原立峰，李发源，张海涛. 基于栅格DEM的地形特征提取与分析[J]. 测绘科学，2008，33(6)：86-88.
[260] 袁晓辉，许东，夏良正，等. 基于形态学滤波和分水线算法的目标图像分割[J]. 数据采集与处理，2003，18(4)：455-459.
[261] 张朝忙，刘庆生，刘高焕，等. SRTM3与ASTER GDEM数据处理及应用进展[J]. 地理与地理信息科学，2012，28(5)：29-34.
[262] 张河芬. 《墙上的斑点》的树型结构解析[J]. 合肥工业大学学报(社会科学版)，2008，22(5)：78-80.
[263] 张晖，王晓峰，余正军. 基于ArcGis的坡面复杂度因子提取与分析——以黄土高原为例[J]. 华中师范大学学报(自然科学版)，2009，43(2)：323-326.
[264] 张济忠. 分形[M]. 北京：清华大学出版社，2011.
[265] 张磊. 基于核心地形因子分析的黄土地貌形态空间格局研究[D]. 南京：南京师范大学，2013.
[266] 张磊，汤国安，李发源，等. 黄土地貌沟沿线研究综述[J]. 地理与地理信息科学，2012，28(6)：44-48.
[267] 张丽萍，马志正. 流域地貌演化的不同阶段沟壑密度与切割深度关系研

究[J]. 地理研究，1998，17(3)：273-278.

[268] 张琳琳，武芳，王辉连. 等高线空间关系的确定及应用[J]. 测绘通报，2005(8)：19-22.

[269] 张龙，杨昆. GIS环境下洱海流域降雨径流模拟研究[J]. 现代农业科技，2012(6)：277-279.

[270] 张婷. 基于DEM的陕北黄土高原多地形因子空间关联特征研究[D]. 西安：西北大学，2005.

[271] 张维. 基于DEM的陕北黄土高原流域剖面谱研究[D]. 南京：南京师范大学，2011.

[272] 张维，汤国安，陶旸，等. 基于DEM汇流模拟的鞍部点提取改进方法[J]. 测绘科学，2011，36(1)：158-159.

[273] 张渭军，孔金玲，王文科，等. 山脊线和山谷线自动提取的一种新方法[J]. 测绘科学，2006，31(1)：33-34.

[274] 张寅宝，刘广社，王光霞. 基于小波变换与滤波的 DEM 简化方法[J]. 测绘科学技术学报，2008，25(2)：135-138.

[275] 张宗祜. 中国黄土高原地貌类型图(1/50万)及说明书[M]. 北京：地质出版社，1986.

[276] 张宗祜，张之一，王芸生. 论中国黄土的基本地质问题[J]. 地质学报，1987，(4)：362-374.

[277] 赵东保，盛业华. 基于相似距离和等高线树的等高线聚类及其应用[J]. 测绘科学，2009，34(2)：38-39.

[278] 赵东娟，齐伟，赵胜亭，等. 基于GIS的山区县域土地利用格局优化研究[J]. 农业工程学报，2008，24(2)：101-106.

[279] 赵亮，刘鹏举，周宇飞，等. 复杂地形下风场插值与林火蔓延模拟应用研究[J]. 北京林业大学学报，2010，32(4)：12-16.

[280] 赵卫东，汤国安，徐媛，等. 梯田地形形态特征及其综合数字分类研究[J]. 水土保持通报，2013，33(1)：295-300.

[281] 中国科学院地理研究所. 中国1：100万地貌图制图规范[M]. 北京：科学出版社，1987.

[282] 周成虎，程维明，钱金凯，等. 中国陆地 1：100 万数字地貌分类体系研究[J]. 地球信息科学学报，2009，11(6)：707-724.

[283] 周启鸣，刘学军. 数字地形分析[M]. 北京：科学出版社，2006.

[284] 周廷儒，施雅风，陈述彭. 中国地形区划草案[M]. 北京：科学出版社，

1956：1921-1956.
[285] 周毅. 基于DEM的黄土正负地形特征研究[D]. 南京：南京师范大学，2008.
[286] 周毅. 基于DEM的黄土高原正负地形及空间分异研究[D]. 南京：南京师范大学，2011.
[287] 周毅，汤国安，张婷，等. 基于格网DEM线状分析窗口的地形特征线快速提取方法[J]. 测绘通报，2007(10)：67-69.
[288] 朱华，姬翠翠. 分形理论及其应用[M]. 北京：科学出版社，2011.
[289] 朱梅. ASTER GDEM的精度评价及其适用性研究——以在陕北地区研究为例[D]. 南京：南京师范大学，2010.
[290] 朱梅，杨昕，刘波. 基于 DEM 的江苏省平原/丘陵分区与制图[J]. 地理信息世界，2009，7(1)：14-18.
[291] 朱孟春. 黄土高原的合理开发与综合治理[J]. 安徽师范大学学报（自然科学版），1988(1)：77-82.
[292] 朱永清，李占斌，崔灵周. 流域地貌形态特征量化研究进展[J]. 西北农林科技大学学报（自然科学版），2005，33(9)：153-155.
[293] 祝士杰. 基于DEM的黄土高原流域面积高程积分谱系研究[D]. 南京：南京师范大学，2013.
[294] 祝士杰，汤国安，李发源，等. 基于DEM的黄土高原面积高程积分研究[J]. 地理学报，2013，68(7)：921-932.

索 引

B

半结构化数据 64

不规则三角网 16,113,120-122

C

层次梯度S指数 35,36,38,42,43,73,76,84,92-94,99,109,143

尺度嵌套 2,3,27,37,54,64

D

等高线 2,14,16,19,126-128

W8D算法 113,116-118,120-128,131

地图代数 16

地形参数 2,13,29,131

地形骨架线 5,7,133,134,142

地形简化 16,17,111-131,143-145

地形特征线 16,113,120-122,133-142

地形指标 15,20,71

多分辨率 16,17,19

F

反距离加权平均法 25

分形维数 15,17,56,58,62

复杂度 β 指数 35,36,38-41,73,76,84-88,92,94,102,107,109,143

G

格网DEM 16,111-113,120,121,125,127

沟谷线 11,14,133,134,137,139,142,144

H

汇流累积量 31,33,142,145

J

Jenks自然裂点法 133,136,137,139,140

计盒维数 55,56,57,61-63,109

结点属性信息 38,53-55,63,65,70,110

结点裂变V指数 35,36,38,42,43,45,73,76,84-98,109

结点裂变熵H指数 35,36,38,46-49,73,76,84,99-104,108,109

剪枝 18,111,113-115,119-120

K

k-means聚类分级法 133,137

克里金内插模型 74

L

连通度 γ 指数 35,36,38,40,41,73,84,88-92,102,107-109,143

裂变结点百分比R指数 35,36,38,41,42,45,73,76,102-105,109
邻域分析 14,25,26
流域地貌 9,10,19,20,22,24,27,29,30,37-41,48,51,54,55,62-65,84,85,88,92,94,95,106,109,110,113,134,135,143
流域分割 2,27,33,34,73

S

山脊线 11,14,121,128,130,138-142,144,145
数字地形分析 13,19,20,37
数字高程模型 106,109

V

VIP法 125-130

W

外接矩形 58,59,115
伪结点 31,34
伪流域 33,34
位置权重 135,137,138

X

序列化分析方法 64,70,145

Y

阈 值 10,14,31,33,34,73,78,115-125,131,144
圆度系数 10,39,53,54,66,67,69,70

Z

自然邻近点插值法 120,121

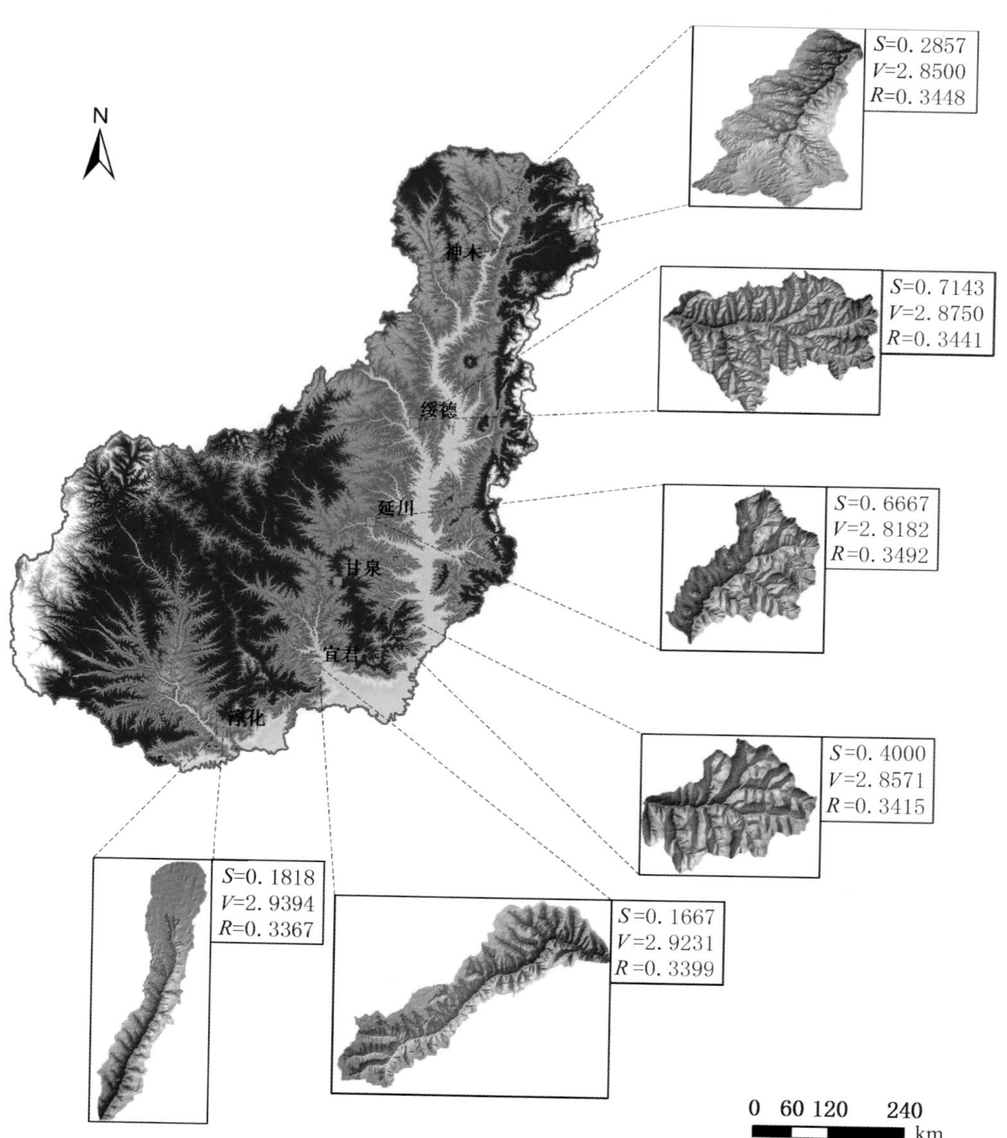

图4.11 不同空间位置6个典型样区小流域S、V和R指数值

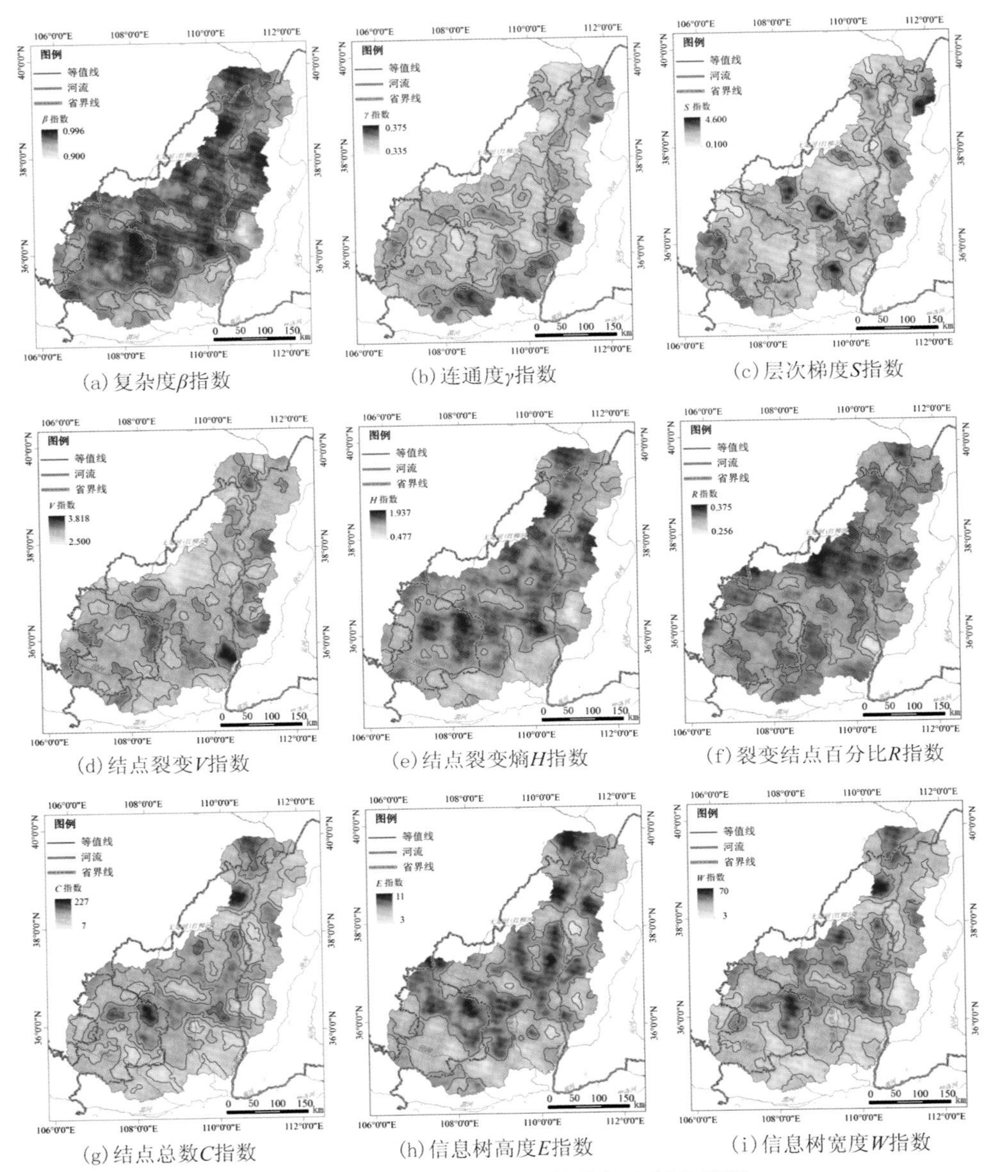

(a) 复杂度β指数　(b) 连通度γ指数　(c) 层次梯度S指数

(d) 结点裂变V指数　(e) 结点裂变熵H指数　(f) 裂变结点百分比R指数

(g) 结点总数C指数　(h) 信息树高度E指数　(i) 信息树宽度W指数

图5.13　流域信息树形态结构指标空间分异图

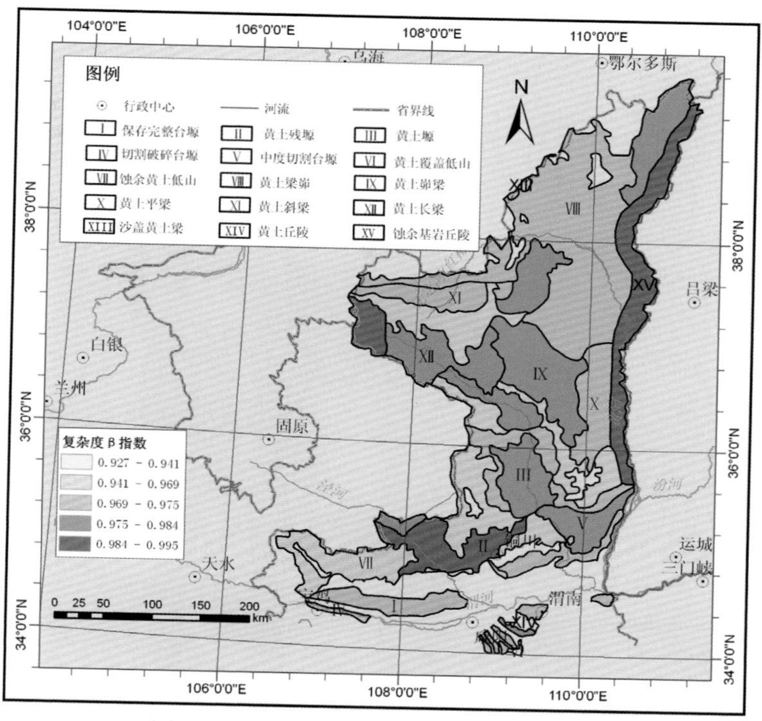

图5.19 复杂度β指数空间分布分段专题图

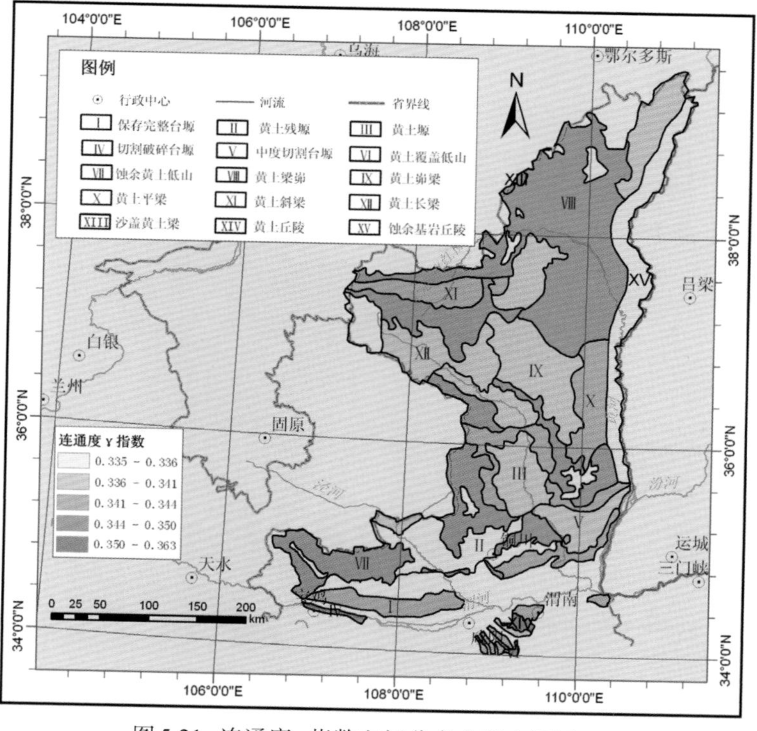

图5.21 连通度γ指数空间分布分段专题图

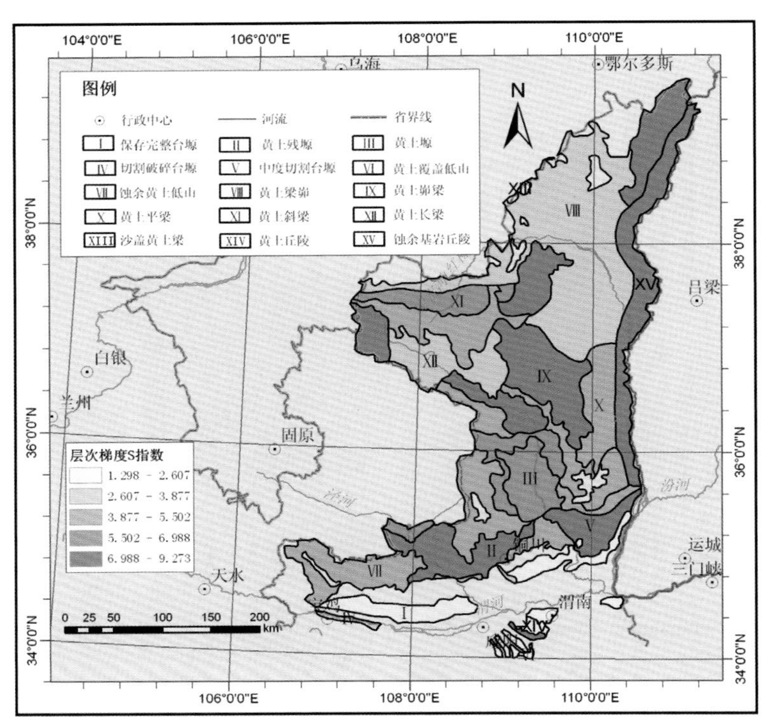

图5.23 层次梯度S指数空间分布分段专题图

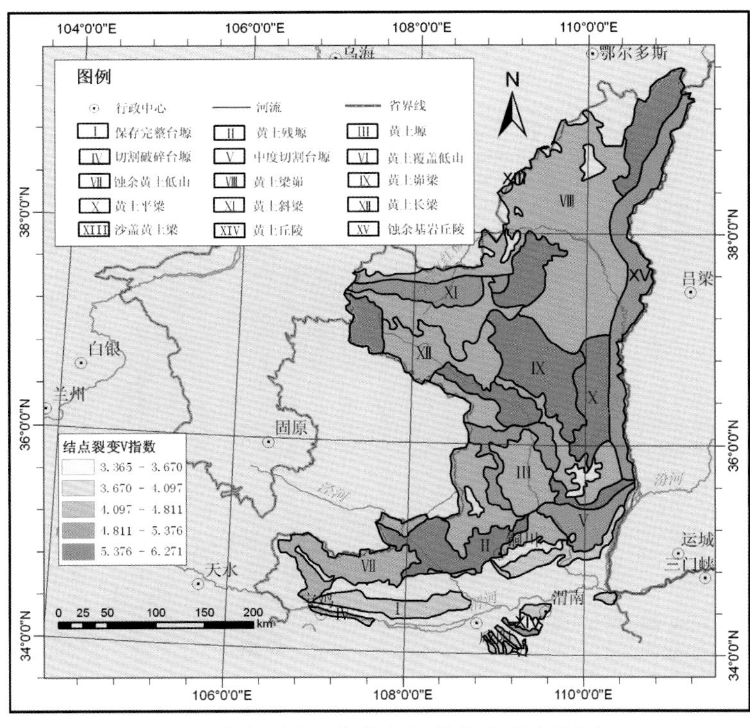

图5.25 结点裂变V指数空间分布分段专题图

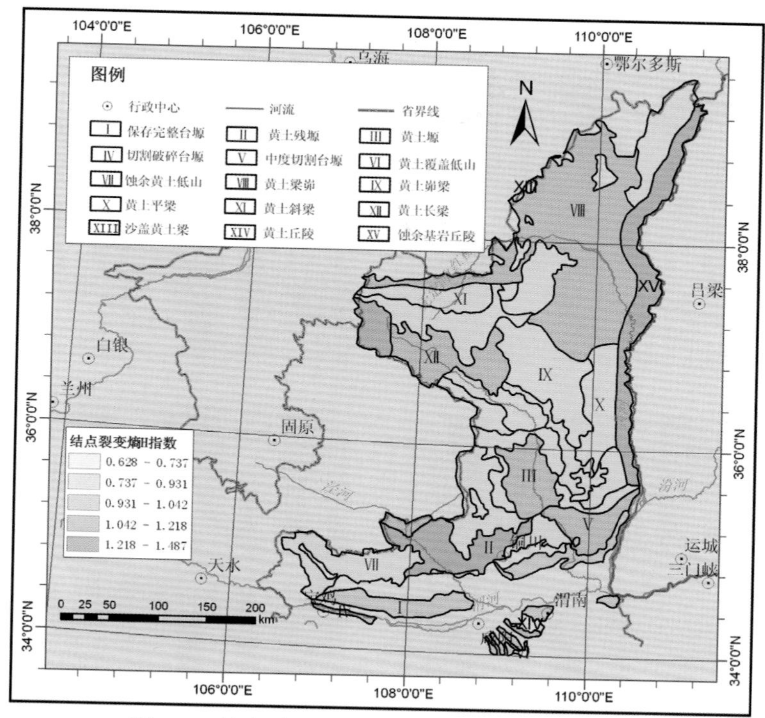

图 5.27 结点裂变熵 H 指数空间分布分段专题图

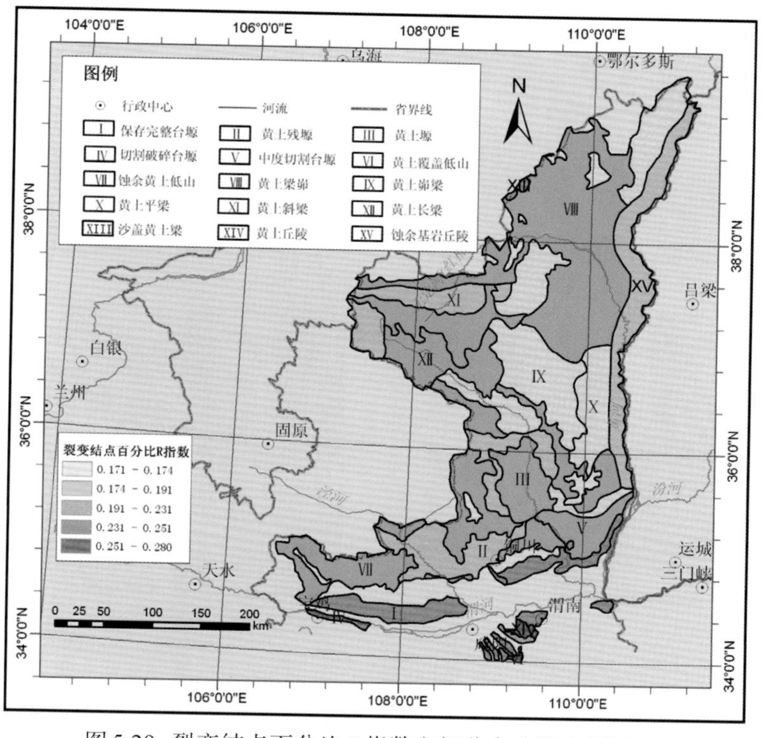

图 5.29 裂变结点百分比 R 指数空间分布分段专题图

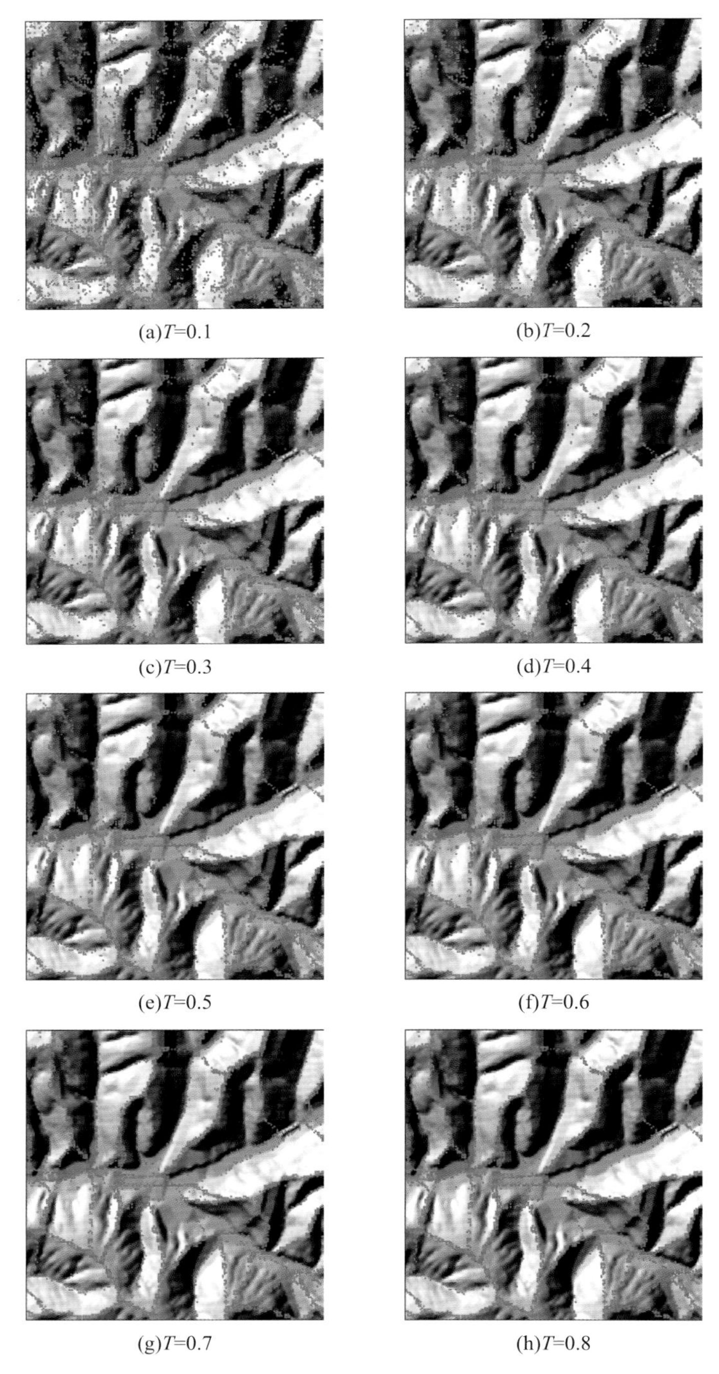

图6.6 W8D算法在不同阈值条件下提取的地形特征点